Fotografiert von
Ian Wallace

Blumenzauber

Stilvolle Arrangements für
alle Jahreszeiten

T B V

Nick Green

Die Originalausgabe erschien 2000 bei Hamlyn, einem Verlag der Octopus Publishing Group Limited, London

ISBN 3-936440-24-7

Printed in China

Koordination und Producing der deutschen Ausgabe:
Twinbooks, München (Thomas Martin)
Übersetzung aus dem Englischen: Twinbooks, München (Martin Kliche)
Satz: Twinbooks, München (Knipping Werbung GmbH, München)
Umschlaggestaltung: HildenDesign, München

Creative Direktor: Keith Martin
Design: Ruth Hope
Produktion: Katherine Hockley
Fotos: Ian Wallace
mit Ausnahme: Georgia Glynn Smith 28 (oben rechts, oben links, unten rechts), 78 (oben rechts, oben links, unten rechts), 80 (oben rechts, oben links, unten links), 93–95, 98/99, 136/137

Blumenarrangements: Nick Green
Alle verwendeten Blumen stammen von:
Green
125 Shepherd's Bush Road
London W6 7LP

Inhalt

Einführung

Die Floristik ist einem ständigen Wandel unterworfen und ich bin sehr gespannt, welche Herausforderungen noch auf uns zukommen. Traditionelle Gestecke wurden in den letzten Jahren durch neue moderne Stilelemente, natürlichere und unkonventionelle Kreationen ergänzt. Naturstoffe wie Glas, Metall und Stein sind einfache, aber trotzdem perfekte Accessoires für gelungene Blumengestecke. Vergessen Sie die stereotypen Pflanzenarrangements der vergangenen Jahrzehnte und entdecken Sie die wahre Natur der Blumen.

Auch Blumen und ihre Verarbeitung unterliegen der Mode, entwickeln Sie Ihren eigenen Stil und bereichern Sie Ihre Gestecke mit ungewöhnlichen Ideen.

Heute haben wir den unschätzbaren Vorteil, aus einer Riesenauswahl frischer Blumen, Zierlaub und Pflanzen wählen zu können. Lassen Sie Ihrer Kreativität freien Lauf und nutzen Sie diese Auswahl zusammen mit einem schönen Gefäß für neue einmalige Kreationen, die ganz Ihrem persönlichen Stil entsprechen. Drücken Sie Ihre Persönlichkeit und Stimmungen mit Blumengestecken aus. Ihre Arrangements können aber auch ganz auf das Umfeld, den Anlass oder den Stil desjenigen abgestimmt sein, den Sie damit beschenken wollen.

Moderne Gestecke sind meist nicht schwierig und einfach umzusetzen. Mit wenigen Elementen lassen sie sich ganz persönlich gestalten. Setzen Sie Ihre eigenen Trends! Wenn Sie sich auf das Wesentliche konzentrieren, erzielen Sie mit geringem Aufwand und ein wenig Phantasie und Liebe zu Blumen wunderbare Ergebnisse.

Nick Green

Frühling

Sommer

Herbst

Winter

Frühling

▼ **Tulpen** *(Tulipa)* Von April bis Mai bestimmen Tulpen mit ihren glockenförmigen Blüten in allen Farben und Formen das Bild des Frühlings. Die zarten Grüntöne dieser Papageientulpen bilden einen aparten Kontrast zu den fransigen Blüten.

▼ **Zwergnarzissen** *(Narcissus)* Schlichte Zwergnarzissen, die ja nur eine Einzelblüte haben, setzen in fast jedem Frühlingsstrauß erfrischende, aber nicht dominante helle Farbtupfer. Selbst an düsteren Apriltagen lässt ihr Anblick jegliche schlechte Laune sofort verschwinden.

▲ **Schwertlilien** *(Iris)* Das Purpur der Schwertlilien ist eine willkommene Abwechslung zum Gelb der Frühlingsblumen. Ihre auffällige Form prädestiniert sie für moderne Kreationen. Die Lilien kauft man am besten, wenn sich die Knospen gerade geöffnet haben, denn dann kann man sich besonders lange an ihnen erfreuen.

▼ **Traubenhyazinthen** *(Muscari)* Diese kleine Verwandte der Hyazinthe blüht bei uns ab Ende April. Ihre wunderbare Zeichnung und ihr unvergleichliches Blau geben auch kleineren Sträußen eine ganz besondere Note.

▼ **Maiglöckchen** *(Convallaria majalis)* Die winzigen, blassweißen Blüten bilden einen guten Kontrast zu Dunkelpurpur und harmonieren wunderbar beispielsweise mit Anemonen. Auffällig sind ihre lanzettförmigen Blätter und ihr kräftiger Duft.

▲ **Dichternarzissen** *(Narcissus)* Sie sind zierlicher als die meisten anderen Narzissensorten und verleihen schlichten Frühlingsbuketts besonderen Glanz. Die dezente Farbe ihrer Blüten steht in einem eindrucksvollen Gegensatz zu ihren glänzenden, dunklen Blättern.

1

2

3

Hyazinthen mit Zweigen

Hyazinthen gehören im Frühling zu den schönsten Anblicken, die die Natur bietet. Frisch geschnittene Hyazinthen und kahle Zweige lassen sich in einer einfachen Glasvase zu einem natürlichen, schlichten Arrangement zusammenstellen, bei dem die Blütenstängel zu einem eindrucksvollen Blickfang werden.

Benötigte Zeit: 10 Minuten

Das brauchen Sie

1 GROSSES BUND HYAZINTHEN
ZWEIGE
GLASVASE
ROSENSCHERE

Vorbereiten

1. Wählen Sie nur solche Zweige, die unten gerade und oben wenig verzweigt sind, und schneiden sie auf die gewünschte Länge zurecht.

Zusammenstellen

2. Nehmen Sie einige Hyazinthen in die Hand und stecken Sie ein oder zwei Zweige dazu. Setzen Sie außen weitere Hyazinthen und Zweige an, bis ein Bund mit gleichmäßig verteilten Zweigen entsteht, das die Vase ausfüllt.

Letzter Schliff

3. Schneiden Sie die Stiele jetzt auf gleiche Länge und stellen Sie das Bund in die mit Wasser gefüllte Vase. Achten Sie darauf, dass dabei das Arrangement nicht durcheinander gerät. Ein Tropfen Bleichmittel im Blumenwasser hält es länger klar (s. Seite 140).

Variante

Eine Vielzahl von Blumen lässt sich gut mit kahlen Zweigen kombinieren, am besten harmonieren jedoch die Arrangements mit Waldblumen. Probieren Sie es vielleicht einmal mit Ranunkeln, Narzissen, Primeln, Schneeglöckchen oder Veilchen. Bedenken Sie jedoch, dass das Pflücken von Wildblumen verboten ist.

1

2

3

4

5

Frühlings-geschenk

Wenn im neuen Jahr die ersten Blumen sprießen, werden oft traditionell Maiglöckchen als Frühlingsboten verschenkt. Maiglöckchen können selbst in einem Blumentopf vorgezogen werden, dann ausgraben und mitsamt Wurzeln verpacken. Oder kaufen Sie einfach Pflanzen mit Wurzeln. Später können dann die Blumen in den Garten oder auf den Balkon gepflanzt werden. So wird Ihr wunderbar duftendes Frühlingsgeschenk viel länger in Erinnerung bleiben.

Benötigte Zeit: 15 Minuten

Das brauchen Sie

MAIGLÖCKCHEN MIT WURZELN
NATURBAST
SEIDENPAPIER
SCHERE

Eine Bastschleife binden

1. Nehmen Sie eine Hand voll Bast – etwa 20 Fäden – und schneiden Sie das Bündel an beiden Enden auf gleiche Länge. Als Nächstes zwei Fäden zur Seite legen. Dann aus einem Ende des Bündels eine etwa 10 cm lange Schlinge bilden.

2. Nun legen Sie das lange Ende des Bündels über das kurze Ende, so dass eine zweite Schlinge in Form einer Acht entsteht.

3. Wickeln Sie das lange Ende weiter um das kurze, bis Sie eine dicke Schleife erhalten.

4. Die beiden restlichen Fäden fest um die Mitte binden und die Schleife mit einem festen Knoten fixieren, so dass die losen Enden lang überstehen.

Verpacken

5. Die Maiglöckchen in Seidenpapier einwickeln und oben offen lassen, damit man die Blüten gut sehen kann.
Die Bastschleife wird dann mit den losen Fäden am Bund befestigt.

Tipp

Sie müssen die Wurzeln der Maiglöckchen gut feucht halten. Erst unmittelbar vor dem Einpacken der Blume die Wurzeln trockentupfen, damit das Papier nicht nass wird. Der Strauß sollte dann beim Beschenkten in der Wohnung einen kühlen Platz erhalten. Nach der Blüte können dann die Maiglöckchen an einer feuchten, schattigen Stelle im Garten ausgepflanzt werden.

1

2

3

Hyazinthen-pracht

Auf mehrere schmale Vasen verteilt, können Traubenhyazinthen eindrucksvoll ihre Schönheit entfalten. In diesem einfachen, aber zugleich auffallenden Arrangement kommt die zierliche Anmut dieser kleinen Frühlingsblumen wunderbar zur Geltung. Sie können die Gläser in Gruppen stellen, beziehungsweise einzeln auf dem Esstisch oder einer Fensterbank verteilen.

Benötigte Zeit: 15 Minuten

Das brauchen Sie

3 KLEINE BUND TRAUBEN-HYAZINTHEN
KLEINE GLÄSER ODER VASEN
ROSENSCHERE

Vorbereiten

1. Füllen Sie eine beliebige Anzahl kleiner Gläser oder Vasen mit Wasser. Die Gläser müssen nicht unbedingt gleich groß sein, auch Gläser verschiedener Größe und Form können sehr reizvoll aussehen. Einen Tropfen Bleichmittel in das Wasser geben, damit es klar bleibt (s. Seite 140).

Zuschneiden

2. Mit einer Rosenschere schneiden Sie die Blumenbündel auf gleiche Länge. Halten Sie die Stängel vorher an die Gläser, damit sie die richtige Länge bekommen. So stellen Sie sicher, dass alle Blumen im Bund die passende Länge haben, bevor Sie sie verteilen.

Aufteilen

3. Teilen Sie die Bündel auf und geben Sie jeweils mehrere Blumen in jedes Glas. Verteilen Sie die Hyazinthen nicht gleichmäßig, sondern setzen in ein paar Gläser nur zwei oder drei, in andere dagegen ein kleines Bund aus Blüten und Blättern.

Variante

Auch Zwergnarzissen (siehe rechts) lassen sich zu eindrucksvollen und eleganten Blütenarrangements kombinieren.

1
2
3

Exotische Giganten

Schlanke, grün-weiße Kallas und langstieliges Rashgras kombiniert mit einem gestreiften Calathea-Blatt geben diesem klaren, aber auffälligen Arrangement einen Hauch von Exotik. Vor einer hellen, glatten Wand platziert, werden die gekreuzten Stängel zusammen mit der auffallenden Zeichnung des Blattes zum optischen Mittelpunkt eines jeden Raums.

Benötigte Zeit: 15 Minuten

Das brauchen Sie

10 GRÜN-WEISSE KALLAS
1 ODER 2 CALATHEA-BLÄTTER
1 BUND RASHGRAS
BAST
ROSENSCHERE
ZAHNSTOCHER

So fangen Sie an

1. Füllen Sie die Vase zu drei Viertel mit Wasser und geben Sie etwas Bleichmittel dazu (s. Seite 140). Danach die Kalla-Stiele auf die gewünschte Länge schneiden. Gruppieren Sie im Anschluss die Blumen kreisförmig in der Vase, so dass sie sich gegenseitig stützen und in der Mitte Platz für die Grashalme lassen.

Das Blatt einsetzen

2. Platzieren Sie das Blatt, das mit der gestreiften Seite nach außen zeigen soll, so an der Glaswand der Vase, dass zum Rand noch etwa ein Drittel frei bleibt. Bei großen Vasen bzw. kleineren Blättern müssen Sie zwei Blätter nehmen. Setzen Sie diese an den gegenüberliegenden Seiten ein, so dass sie sich überlappen.

Die Grashalme hinzufügen

3. Schneiden Sie ein kleines Bund Gras auf die gewünschte Länge und binden es dann mit Bast etwa 8 cm über dem unteren Ende fest zusammen. Drehen Sie die einzelnen Halme so gegeneinander, dass sie unten eine enge Spirale und oben einen weiten Fächer bilden. Setzen Sie den Fächer dann so in die Vase, dass er von den Kallas gestützt wird und die Halme im Wasser stehen.

Tipp

Benötigen Sie zwei Calathea-Blätter, können Sie beide mithilfe eines Zahnstochers oder angespitzten Streichholzes bei den dicken Rippen in der Blattmitte zusammenstecken.

1

2

3

Ein Traum in Rot

Purpurrote Anemonen und kastanienfarbene Kallas harmonieren einfach perfekt miteinander. Ranunkel, Bouvardie und Schneeball (Viburnum) runden diese Komposition mit ihren hellen, zarten Farbnoten ab.

Benötigte Zeit: 20 Minuten

Das brauchen Sie

10 HELLROSA RANUNKELN
10 KASTANIENBRAUNE KALLAS
1 GROSSES BUND PURPURROTE ANEMONEN
1 KLEINES BUND GRÜNE BOUVARDIEN
1 GROSSES BUND WEISSE SCHNEEBALL (VIBURNUM)
KLEINE GLASVASE
ROSENSCHERE

Zuschneiden

1. Bevor Sie die Blumen zusammenstellen, sollte alles gut vorbereitet sein. Schneiden Sie die Stängel grob auf die benötigte Länge zu und entfernen Sie dabei alle unteren Blätter. Die zugeschnittenen Blumen dann getrennt nach Sorte beiseite legen. Nehmen Sie jeweils eine Blume jeder der fünf Arten und binden Sie damit den Kern Ihres Arrangements.

Zusammenstellen

2. Um diesen Kern binden Sie die weiteren Blumen spiralförmig und leicht angewinkelt ein (s. Seite 140). Die Blumen sollten dabei leicht nach unten versetzt sein, damit eine runde Kuppe entsteht, und die Blüten nach außen zeigen. Achten Sie darauf, die einzelnen Sorten gleichmäßig im Strauß zu verteilen. Wenn das Gebinde fertig ist, schneiden Sie unten alle Stängel noch auf gleiche Länge.

Letzter Schliff

3. Füllen Sie die Vase halb voll mit Wasser und geben Sie ein paar Tropfen Bleichmittel hinzu (s. Seite 140). Stellen Sie den Strauß behutsam in die Vase, damit sie nicht umkippt. Sollte der Strauß nicht richtig stehen, nehmen Sie ihn nochmals heraus und kürzen Sie ihn entsprechend.

Tipp

Da die Vase nicht zu groß sein sollte und viele Blumen enthält, sollten Sie besonders darauf achten, dass anfangs nicht zu viel Flüssigkeit darin ist. Gegebenenfalls können Sie immer noch etwas Wasser nachgießen.

1
2
3
4

Gelbes Osternest

Ein einfacher Strauß Tulpen, der aus einem festlichen Osternest sprießt, kann ideales Geschenk oder Mittelpunkt eines fröhlichen Osterfestes sein. Kleine Gänse und Schokoladeneier machen dieses Osternest bei Jung und Alt beliebt.

Benötigte Zeit: 25 Minuten

Das brauchen Sie

1 GROSSES BUND TULPEN
REBEN-, WEIDEN- ODER STROHKORB
GLAS ODER VASE
BAST
SCHERE
ROSENSCHERE
KLEINE GÄNSE AUS FEDERN, KERAMIK, KUNSTSTOFF ODER PORZELLAN
SCHOKOLADENEIER
FEDERN

Das Nest bauen

1. Stellen Sie das Glas bzw. die Vase in den Korb, das Gefäß zur Hälfte mit Wasser füllen. Nehmen Sie als Nächstes ungefähr 30 Bastfäden und schneiden Sie sie auf die gleiche Länge. Wickeln Sie den Bast fest um Ihre Hand, so dass ein Ring entsteht, und legen Sie ihn dann auf den Korb. Anschließend stecken Sie die freien Enden des Basts in den Korb, damit das Nest fest sitzt.

Den Strauß binden

2. Entfernen Sie alle unteren Blätter, so dass die Tulpen glatte Stiele haben. Nehmen Sie immer einige Tulpen gleichzeitig und binden sie zu einem Strauß. Dabei die Blumen so zusammenfassen, dass ihre Köpfe dicht aneinander liegen.

Den Strauß formen

3. Binden Sie die Tulpenstiele mit Bast zusammen. Den Bast nicht zu locker und nicht zu fest anziehen, sonst kann der Strauß verrutschen, oder aber die Stiele werden verletzt. Schneiden Sie alle Stiele auf die gewünschte Länge und stellen Sie den Strauß anschließend in das Glas bzw. die Vase.

Dekorieren

4. Gänse und Schokoladeneier oben auf das Bastnest setzen. Drücken Sie die Gänse leicht in den Bast, damit sie nicht umfallen. Das Nest schmücken Sie danach mit einigen Federn, die Sie zwischen die Bastfäden stecken.

1

2

3

Kühl und elegant

Eine Hommage an die alten holländischen Meister ist dieser üppige Strauß aus Papageientulpen und Schneeball (Viburnum), der anmutig über den Gefäßrand herabhängt. Tulpen wachsen auch nach dem Schneiden weiter und strecken sich dem Licht entgegen. Dieser Strauß entfaltet erst mit der Zeit seinen Charakter und ändert fast stündlich seine Form – ein faszinierender Anblick.

Benötigte Zeit: 25 Minuten

Das brauchen Sie

1 GROSSES BUND GRÜNE PAPAGEIENTULPEN
1 GROSSES BUND SCHNEEBALL (VIBURNUM)
RECHTECKIGE GLASVASE
BAST
ROSENSCHERE

Die Stiele vorbereiten

1. Streifen Sie die unteren Blätter von den Blumenstielen und entfernen Sie von den oberen Blättern unschöne, beschädigte oder andersfarbige.

Den Strauß zusammenstellen

2. Nehmen Sie ein paar Tulpen und Viburnum und binden daraus ein Bund, bei dem alle Blüten auf gleicher Höhe sind. Nun setzen Sie von außen weitere Blumen dazu. Darauf achten, dass die Arten gleichmäßig verteilt sind. Sie können sich das Binden erleichtern, indem Sie den Strauß mit den Blütenköpfen nach unten halten, da Tulpen und Viburnum sonst leicht abknicken.

Den Strauß vollenden

3. Drehen Sie den Strauß gelegentlich um, damit Sie das Arrangement und die Form kontrollieren können. Anschließend binden Sie die restlichen Blumen ein. Die äußeren Blüten sollten etwas tiefer als die mittleren sitzen, damit ein voller, runder Strauß entsteht (s. Seite 140). Mit Bast binden Sie ihn nun fest zusammen und schneiden die Stiele auf die gewünschte Länge. Füllen Sie die Vase zur Hälfte mit Wasser, geben etwas Bleichmittel hinzu (s. Seite 140) und stellen dann den Strauß hinein.

Tipp

Ärgern Sie sich nicht, wenn die Tulpen nicht aufrecht stehen, sondern über den Gefäßrand hängen; gerade dies macht ihren besonderen Charme aus und gibt dem Strauß seinen Charakter.

1

2

3

Blaues Wunder

Das kräftige Blau der Anemonen und das silbrige Blau von Disteln sind ideale farbliche Partner in dieser modernen und eleganten Gesteckkreation. Die gezackten, stacheligen Distelblätter schaffen einen markanten Kontrast zu den samtweichen Anemonenblüten.

Benötigte Zeit: 25 Minuten

Das brauchen Sie

- 1 GROSSES BUND BLAUE EDELDISTELN
- 8–10 PURPURROTE ANEMONEN
- RECHTECKIGE GLASVASE
- BAST
- KLEINES GEFÄSS (KLEINE SCHALE)
- ROSENSCHERE

Die Disteln vorbereiten

1. Legen Sie zuerst einige Disteln für den Strauß zur Seite, danach von den restlichen die Köpfe abschneiden. Stellen Sie die kleine Schale in die Vase und füllen Sie etwas Wasser hinein. Arrangieren Sie die Distelköpfe um die Schale herum. Dann die Vase bis zum Rand damit auffüllen. Achten Sie darauf, dass das Blau der Distelköpfe auch von außen gut zu sehen ist.

Den Strauß binden

2. Arrangieren Sie die restlichen Disteln und die purpurroten Anemonen zu einem kleinen, hübschen, halbkugelförmigen Strauß (s. Seite 140).

Den Strauß vollenden

3. Binden Sie die Stiele mit Bast zusammen, danach die losen Bastenden kürzen. Schneiden Sie die Stiele auf die gewünschte Länge zurecht und stellen Sie den Strauß anschließend ins Gefäß. Wenn der Strauß zu hoch ist, kürzen Sie ihn gegebenenfalls nochmals ein.

Tipp

Die äußerst harten und verholzten Distelköpfe sind sehr langlebig und welken nicht, solange sie trocken bleiben. Achten Sie darauf, die Distelköpfe nicht zu fest in die Vase zu pressen, denn sie könnten sonst zerdrückt werden und nicht mehr gut aussehen. Füllen Sie regelmäßig Wasser nach, da die Schale nur wenig aufnehmen kann.

1

2

3

4

Paradiesische Protea

Dieses tropische Feuerwerk aus Protea, den imposanten Blüten der Silberbaumgewächse, Rosen und verschiedenen Blättern hält ungewöhnlich lange – mit Ausnahme der Rosen. Wenn sie welken, sollten sie gelegentlich durch frische ersetzt werden. Das Gesteck aus Protea, Bärgras und Schwertfarn gibt dem Arrangement den notwendigen Halt. Eine entscheidende Rolle spielt die Vase. Sie sollte einen beruhigenden Gegenpol zum dichten Arrangement aus Blumen und Blättern bilden.

Benötigte Zeit: 25 Minuten

Das brauchen Sie

7 WEISSE PROTEA
6 WEISSE ROSEN
14 SCHWERTFARNBLÄTTER
1 BUND BÄRGRAS
WEISSE SCHALE ODER VASE
STECKMASSE
MESSER
ROSENSCHERE

So fangen Sie an

1. Schneiden Sie die Steckmasse mit einem scharfen Messer so zurecht, dass sie gut in die Vase passt (s. Seite 136). Nachdem sie ausreichend Wasser gezogen hat, die Steckmasse in die Vase geben. Kürzen Sie die Farnwedel und entfernen dabei die unteren Blätter. Mit acht Farnblättern, die im gleichen Abstand um den Rand der Vase gesteckt werden, formen Sie einen Kragen. In die Mitte der Vase stecken Sie senkrecht eine Protea, die so die Höhe des Arrangements vorgibt.

Die äußere Form aufbauen

2. In gleichmäßigen Abständen nun drei halbhohe Protea um die mittlere stecken. Setzen Sie die Blumen leicht angewinkelt in die Steckmasse, so dass ihre Blüten nach außen zeigen. Vom Bärgras entfernen Sie die dicken, weißen Halme und kürzen die Spitzen etwas, so dass das Gras etwa genauso lang ist wie die mittlere Protea. Nehmen Sie drei kleine Büschel des Bärgrases und drücken Sie diese fest zwischen den äußeren Protea in die Steckmasse. Auf die Außenseite der Büschel stecken Sie anschließend drei Farnblätter.

Das Gesteck vollenden

3. Setzen Sie zwischen die drei halbhohen Protea am Vasenrand drei kleinere Protea. Dann fahren Sie fort wie oben gezeigt und arrangieren in den Lücken je drei kleine Büschel Bärgras und Farnwedel. Das Gesteck ist nun fast fertig. In die verbliebenen Lücken können Sie nun frische Schnittblumen setzen, wie in diesem Fall Rosen.

Die Rosen hinzufügen

4. Kürzen Sie die Rosen auf die Länge der mittleren beziehungsweise der kurzen Protea. Anschließend stecken Sie die Blumen entsprechend ihrer Größe zwischen die Blüten der Protea.

Variante

Protea gibt es in verschiedenen Farbvariationen, wobei die weißen Blüten weicher und schöner wirken. Sie können dieses Arrangement auch mit roten oder rosa Protea und dazu farblich abgestimmten Rosen stecken. Alternativ können Sie die verwelkten weißen Rosen auch durch andersfarbige ersetzen: So geben beispielsweise ein dezentes helles Orange oder ein cremefarbenes Gelb dem Gesteck mehr Wärme.

Frühlingsgrün

Grazile Orchideen, in einem ganz einfachen Eimer angeordnet, holen Ihnen ein Stück Himmel auf die Erde. In Kombination mit Zweigen der Korkenzieherweide und weichem Moos entsteht eine gelungene Mischung unterschiedlicher Formen und Farben. Das hier gezeigte Gesteck ist für etwas größere Räume ideal, lässt sich aber auch im kleineren Maßstab zum Verschenken arrangieren.

Benötigte Zeit: 30 Minuten

Das brauchen Sie

1 GROSSEN ZINKEIMER
STYROPORBLÖCKE
ORCHIDEENERDE
3 CHINAORCHIDEEN IM BLUMENTOPF
ZWEIGE DER KORKENZIEHERWEIDE
MOOS

1

2

3

Drainage einbringen

1. Füllen Sie den Eimer zur Hälfte mit groben Styroporstückchen oder einem anderen leichten Material, das als Drainage dient. Auf dieses Material nun Orchideenerde schütten, sodass etwa ein 15 cm breiter Rand verbleibt. Pflanzen Sie danach die Orchideen in den Eimer und drücken die Wurzeln fest an.

Den Eimer befüllen

2. Den Eimer zusätzlich mit Erde füllen, damit sich die verbleibenden Zwischenräume schließen und eine glatte Oberfläche entsteht. Anschließend zwischen die Orchideen einige Weidenzweige stecken.

Die Erde bedecken

3. Wässern Sie die Erde gründlich und bedecken Sie die Oberfläche hinterher mit dem Moos. Die einzelnen Moosballen dicht aneinander drücken, so dass keine Lücken entstehen.

Variante

Chinaorchideen sind fast in jedem Blumenladen erhältlich, selbstverständlich können Sie auch andere Arten verwenden. Erkundigen Sie sich allerdings vorher über deren Pflegeanforderungen, da manche Arten einfacher zu halten sind als andere.

Tipp

Stellen Sie die Orchideen an einen hellen Platz mit viel Licht, allerdings nicht direkt in die Sonne. Halten Sie die Erde immer leicht feucht, im Frühjahr häufiger wässern, damit die Orchideen blühen. Denken Sie auch daran, die Orchideen in dieser Zeit ausreichend zu düngen.

Muttertags-strauß

Verschenken Sie zum Muttertag einen Gruß des Frühlings – hellgrüne Wolfsmilch, samtblaue Hyazinthen und kraftvoll gelbe Tulpen. Der liebevoll eingepackte Strauß erfüllt das gesamte Haus mit seinem Duft und ist das ideale Geschenk, um auf geeignete Weise Dank zu sagen. Diese selbst gemachte Aufmerksamkeit kommt von Herzen.

Benötigte Zeit: 30 Minuten

Das brauchen Sie

1 BUND GELBE TULPEN
1 GROSSES BUND BLAUE HYAZINTHEN
SCHEINBEERBLÄTTER
WOLFSMILCH (EUPHORBIA)
BAST
ROSENSCHERE
SEIDENPAPIER

1

2

3

4

Den Kern binden

1. Befreien Sie die unteren Blumenstiele von allen Blättern und Blüten. Aus einigen Blumen von jeder Sorte binden Sie den Kern und arrangieren ihn zu einem hübschen Strauß.

Zusammenstellen

2. Ergänzen Sie den Kern mit weiteren Stängeln. Achten Sie dabei darauf, dass die verschiedenen Blumen gleichmäßig verteilt sind (s. Seite 140). Schauen Sie sich den Strauß von allen Seiten an; wichtig ist, dass er gleichmäßig rund ist. Arrangieren Sie die Tulpen immer zu zweit, da sie auf diese Weise besser zur Geltung kommen. Zum Schluss formen Sie um den Strauß eine Manschette aus Scheinbeerblättern.

Zuschneiden

3. Wenn Sie sämtliche Blumen eingebunden haben und Ihnen der Strauß gefällt, kürzen Sie alle Stielenden auf die Länge der Hyazinthenstiele ein. Achten Sie dabei darauf, dass Sie die Hyazinthenstiele nicht abschneiden.

Letzter Schliff

4. Nun binden Sie den Strauß mit Bast zusammen, verknoten die überstehenden Bastenden und schneiden Sie diese dann ab.

5. Wickeln Sie den Strauß in Seidenpapier. Eine einfache Schleife aus mehreren Bastfäden gibt dem Papier Halt.

Achtung!

Der Saft der Wolfsmilch kann die Haut reizen. Bei der Arbeit sollten Sie daher besser Handschuhe tragen.

Sommer

▼ Schmuckkörbchen *(Cosmos)*
Diese auffälligen, auch Kosmeen genannten Korbblütler blühen vom Sommer bis in den Herbst hinein in allen Variationen von Weiß- und Rosatönen. Ihre schlichten Blüten sind ideal für viele Sommersträuße.

▼ Levkojen *(Matthiola)* Die dichten Trauben aus weißen, rosa und malvenfarbenen Blüten verleihen jedem Strau eine besondere Note. Ihr intensiver süßer Duft weckt Erinnerungen an heiße Sommertage.

▲ Pfingstrosen *(Paeonia)* Diese dicht gefüllten, auffälligen Blüten geben Sommersträußen eine wundervolle üppige Pracht. Als Einzelblume werten sie selbst ein schlichtes Bukett auf. Im Juni blühen sie in mannigfaltiger Farbenpracht: weiß, rosa, rot, karminrot oder kastanienbraun. Viele Sorten duften angenehm süßlich.

▼ Rosen *(Rosa)* Rosen sind in nahezu allen Farben zu kaufen: in Rot, Rosa, Weiß, Gelb, Orange und manch anderen außergewöhnlichen Tönen. »Die Königin der Blumen« setzt in jedem Arrangement Glanzpunkte. Obwohl Rosen das ganze Jahr über angeboten werden, sind und bleiben sie stets eine charakteristische Sommerblume.

▼ Lilien *(Lilium)* Diese eindrucksvollen Blumen gedeihen in einer Vielzahl an Größen und Farben – vom makellosen Weiß bis hin zum Hellorange der Tigerlilien bleiben keine Wünsche offen. Als Schnittblumen halten sie ausgesprochen lang. Aber Achtung: Der Blütenstaub hinterlässt auf Kleidung und Polstermöbeln Flecken, die nur noch schwer wieder zu entfernen sind (s. Seite 140).

▲ Kornblumen *(Centaurea cyanus)*
Im Sommer stand diese leuchtend blaue Blume früher in jedem Weizenfeld. Obwohl es mittlerweile auch rosafarbene oder weiße Sorten gibt, haben blaue Kornblumen mit die schönsten Blüten überhaupt und passen vor allem in fast jeden Sommerstrauß.

1
2
3

Champagner-Cocktail

Überraschen Sie Ihre Gäste mit einem prickelnd süßen, zartrosa-weißen Cocktail-Gesteck, bei dem die Blüten wie Kohlensäureperlen aus dem Glas spritzen. Der besondere Pfiff sind die kleinen Zwiebelblüten, die am Glasrand von einigen Duftwicken gesäumt werden. Ihre Cocktail-Party erhält dadurch den passenden Rahmen.

Benötigte Zeit: 10 Minuten

Das brauchen Sie

COCKTAIL-MESSBECHER
COCKTAILGLAS
1 BLÜTENKOPF EINER ZWIEBEL MIT STÄNGEL
ROSAFARBENE UND WEISSE DUFTWICKEN
COCKTAILSCHIRM
ROSENSCHERE

Mixen Sie den Cocktail …

1. Geben Sie 2 cl Wasser in das Cocktailglas. Nun den Stängel der Zwiebel unterhalb der Blüte abschneiden und den Kopf so in das Glas legen, dass er gerade vom Wasser bedeckt ist.

… garnieren Sie ihn

2. Die Wickenblüten abschneiden, so dass Sie einzelne Blüten mit kurzen Stielchen erhalten.

… und servieren Sie ihn!

3. Arrangieren Sie die Wicken anschließend um die Zwiebelblüte und achten Sie dabei darauf, dass die unterschiedlichen Farben gleichmäßig verteilt sind. Zum Schluss stecken Sie den Cocktailschirm hinein und »servieren« Sie den Cocktail!

1

2

3

4

Blumen im Raum

Mit den bizarr geformten Blüten von Kurkuma und Skabiose können Sie in einer Metallvase ein futuristisches Arrangement erschaffen, das uns daran erinnert, dass wir uns bereits im Zeitalter der Weltraumfahrt befinden. Ein Gebinde, das mit seinen klaren Formen besonders in modernen, zurückhaltend eingerichteten Räumen hervorragend zur Geltung kommt.

Benötigte Zeit: 15 Minuten

Das brauchen Sie

6 KURKUMABLÜTEN
10 SKABIOSEN
HOHE METALLVASE
STECKMASSE
MESSER
ROSENSCHERE

Die Grundform bilden

1. Schneiden Sie die Steckmasse so zu, dass sie in die Vase passt (s. Seite 136). Wenn sie ausreichend gewässert ist, drücken Sie die feuchte Steckmasse in die Vase, hinunter bis auf den Boden. Kürzen Sie fünf Kurkumastiele auf gleiche Länge und stecken Sie sie im Kreis in dieses Polster.

Den inneren Kreis bilden

2. Schneiden Sie fünf Skabiosen so zu, dass sie die Kurkumastiele leicht überragen. Stecken Sie diese Skabiosen dann kreisförmig hinter die Kurkumastiele.

Den äußeren Kreis bilden

3. Die restlichen fünf Skabiosen etwas kürzer abschneiden als die Kurkumastiele und sie dann am Vasenrand zu einem Kreis zusammenstellen. Achten Sie darauf, dass sie im gleichmäßigen Abstand zueinander stehen.

Letzter Schliff

4. Stecken Sie den letzten Kurkumastiel zum Abschluss in die Mitte des Arrangements.

Tipp

Schneiden Sie die Kurkumastiele schräg an, so lassen sich auch dicke Stiele leicht in die Steckmasse stecken.

1

2

Sommer-
blumenstrauß

Dieser natürliche Blumenschmuck erinnert an ein Kornfeld im Juli, in dem Wildblumen zwischen Getreidehalmen wachsen. Arrangieren Sie die Blumen ruhig kunterbunt durcheinander, damit Ihr Strauß aussieht, als wäre er gerade am Feldrand gepflückt.

Benötigte Zeit: 15 Minuten

Das brauchen Sie

1 GROSSES BUND KORNBLUMEN
1 GROSSES BUND NOCH NICHT REIFEN WEIZEN
1 GROSSES BUND FRAUENMANTEL
1 GROSSES BUND SCHWARZKÜMMEL
ZYLINDRISCHE GLASVASE
ROSENSCHERE

Vorbereiten

1. Befreien Sie alle Blumen und Weizenhalme von den unteren Blättern. Dann nach Sorten geordnet zur Seite legen, um sie später leichter binden zu können. Für das Kernstück wählen Sie von jeder Art ein paar Blumen sowie ein paar Weizenhalme aus und binden sie zusammen.

Den Strauß binden

2. Um den Kern binden Sie spiralförmig und leicht angewinkelt (s. Seite 140) weitere Pflanzen. Nehmen Sie jeweils mehrere Stängel einer Sorte gleichzeitig, damit ein natürlicher Eindruck entsteht. Binden Sie die Blumen zu einem leicht gewölbten Strauß, der ab und zu von Weizenähren durchbrochen wird. Die restlichen Blumen binden Sie etwas tiefer versetzt als Manschette außen um den Strauß. Zum Schluss schneiden Sie alle Stiele auf gleiche Länge und setzen den Strauß in die Vase.

Variante

Sie können anstelle der Kornblumen auch roten Klatschmohn oder weiße Margeriten nehmen und so den Charakter eines Wildblumenstraußes noch verstärken.

1

2

3

Tea-Time

Ein Paar Rosenvasen aus Silber geben Ihrer Kaffee- oder Teetafel eine ganz besonders edle Note. Weiße Pfingstrosen in eindrucksvollem Kontrast zu den dunkelgrünen Blättern und kleineren Blumen harmonieren ideal mit jeder Tischdekoration, ob modern oder traditionell. Und der Duft der Pfingstrosen ist einfach hinreißend.

Benötigte Zeit: 20 Minuten

Das brauchen Sie

SCHEINBEERBLÄTTER
6–10 PFINGSTROSEN
1 KLEINES BUND WEISSE BOUVARDIEN
1 KLEINES BUND HASENOHR
2 SILBERVASEN
ROSENSCHERE

Vorbereiten

1. Zunächst entfernen Sie bei den Scheinbeerblättern und den Blumen die unteren Blätter. Beginnen Sie nun mit dem Kern, der in der Mitte eine Pfingstrose enthält und von ein bis zwei anderen Pflanzen umgeben ist.

Den Strauß binden

2. Binden Sie die weiteren Pflanzen leicht angewinkelt um den Kern, so dass eine lockere Spirale entsteht (s. Seite 140). Achten Sie darauf, dass die verschiedenen Pflanzen gleichmäßig im Strauß verteilt sind. Formen Sie die Pflanzen zu einer runden Kuppe, in der lediglich die Pfingstrosen etwas tiefer sitzen.

Die Vasen füllen

3. Schneiden Sie die Stiele zum Abschluss auf die gewünschte Länge und stellen Sie den Strauß vorsichtig in die Vase, ohne ihn durcheinander zu bringen. Für die zweite Vase einen weiteren Strauß binden und anschließend beide Gefäße mit Wasser füllen.

Variante

Dunkelrote Pfingstrosen bringen etwas Exotik in das Arrangement und eignen sich vor allem zu festlichen Abendessen.

1
2
3
4

Think Pink

Pfingstrosen sind außergewöhnliche Blumen und sehr beliebt. Sie können in den Mittelpunkt eines Gebindes gestellt oder unauffällig arrangiert werden, gerade so, wie es Ihrer Stimmung entspricht. In diesem zwanglosen, schlichten Arrangement sind die Blumen artenweise in kleinen Büscheln gruppiert. Dadurch wirkt der Strauß natürlicher und nicht zu gestylt.

Benötigte Zeit: 25 Minuten

Das brauchen Sie

5 ROSAFARBENE PFINGSTROSEN
5 PURPURROTE ZWIEBEL-STÄNGEL
1 BUND ROSAFARBENE UND PURPURROTE GARTEN-LEVKOJEN
MAGNOLIENBLÄTTER
ZWERGMISPELN (COTONEASTER)
ZINKKANNE
ROSENSCHERE
GUMMIBAND

Vorbereiten

1. Entfernen Sie bei allen Blumenstängeln das Laub im unteren Bereich. Nehmen Sie drei Zweige Zwergmispeln und binden Sie je drei der anderen Pflanzen zu einem Strauß.

Den Strauß binden

2. Binden Sie die einzelnen Arten in Bündeln spiralförmig und leicht angewinkelt um den Kern (s. Seite 140). Die Blüten sollten eine runde Kuppe bilden, aus der die Levkojen und die Zwergmispeln leicht herausragen.

Den Strauß vollenden

3. Wenn Sie alle Pflanzen eingebunden haben, vollenden Sie den Strauß außen mit einigen Magnolienblättern und befestigen die Stiele mit dem Gummiband (s. Seite 139).

Die richtige Größe

4. Schneiden Sie die Stiele auf die passende Länge und stellen Sie den Strauß in die Kanne. Achten Sie darauf, dass die unteren Blätter den Kannenrand leicht berühren. Wenn die Stiele zu lang sind, nochmals kürzen. Dann füllen Sie das Wasser hinein.

Variante

Sie können statt der Levkojen auch rosafarbenes oder burgunderrotes Löwenmaul verwenden.

1

2

3

4

Klare Lilien

Verwenden Sie für diese Komposition am besten nur sehr dunkle und stark glänzende Magnolienblätter, da diese die Leichtigkeit der anmutigen weißen Lilien und cremefarbenen Rosen besonders hervorheben. Die rostbraunen, etwas samtigen Unterseiten der Magnolienblätter runden diesen sinnlichen Augenschmaus farblich ab und der wohlriechende Duft, den die Lilien verströmen, erfreut auch die Nase des Betrachters.

Benötigte Zeit: 25 Minuten

Das brauchen Sie

4 WEISSE LILIEN
10 WEISSE ROSEN
MAGNOLIENBLÄTTER
GLASVASE
ROSENSCHERE

Vorbereiten

1. Entlauben Sie alle Lilien, Magnolienblätter und Rosen im unteren Stielbereich, entfernen Sie auch die Dornen an den Rosen. Die Vase zur Hälfte mit Wasser füllen und anschließend drei Lilien in gleichmäßigen Abständen so hineinstellen, dass sich ihre Stiele in der Mitte kreuzen.

Den Rahmen aus Laub formen

2. Platzieren Sie drei Magnolienblätter symmetrisch zwischen die Lilien, so dass sich ihre Stiele überkreuzen und auf diese Weise gegenseitig stützen.

Die Rosen hinzufügen

3. Schneiden Sie die Rosen auf die entsprechende Länge zu und arrangieren Sie sechs in harmonischem Abstand vom Innenrand der Vase. Dazu ihre Stiele unter die der anderen Pflanzen schieben, damit sie nicht verrutschen.

Den Strauß vollenden

4. Setzen Sie die letzte Lilie in die Straußmitte und schieben Sie den Stiel so zwischen die übrigen Stängel, dass er hier fixiert ist.

Die Lücken schließen

5. Schließen Sie zum Schluss die Zwischenräume im Bukett mit weiteren Rosen und Blättern. Jede Rose sollte dabei immer von Blättern umsäumt sein.

Tipp

Entfernen Sie die Staubgefäße der Lilien, um Kleidung und Polstermöbel vor den Pollen zu schützen (s. Seite 140). Mit einer enghalsigen Vase können Sie dem Strauß zusätzlichen Halt geben. Am besten beginnen Sie den Strauß mit großen Blumen und Blättern, die Sie leicht verschieben und neu anordnen können. Erst am Ende die Zwischenräume mit kleineren Pflanzen schließen.

1

2

3

Hortensienstrauß

Sogar für Hochzeiten eignet sich dieses stilvolle Arrangement als besonders elegante Tischdekoration. Ein großer, gleichmäßig geformter Hortensienblütenstand, mit samtigen roten Rosen und dornigen Edeldisteln besteckt, gibt diesem Strauß seine markante Form. Die prachtvolle Mischung aus Farben und Formen ist am besten aus der Nähe zu bewundern.

Benötigte Zeit: 25 Minuten

Das brauchen Sie

1 HORTENSIENBLÜTE
10 ROTE ROSEN
1 KLEINES BUND BLAUE EDELDISTELN
10–12 FUNKIENBLÄTTER
GLASSCHALE
BAST
ROSENSCHERE

Vorbereiten

1. Bereiten Sie den Blütenstand der Hortensie vor, indem Sie die Blätter von seinem Stiel abstreifen. Kürzen Sie die Disteln und entfernen Sie von den Rosenstielen alle Blätter und Dornen.

Die Blumen einsetzen

2. Die Hortensienblüte am Stiel nehmen und behutsam Rosen und Disteln zwischen ihre einzelnen Blüten stecken. Verteilen Sie die Rosen gleichmäßig in der Hortensienblüte und achten Sie darauf, dass sie nicht zu weit aus ihr herausragen.

Den Kragen binden

3. Wenn alle Blüten eingesetzt sind, arrangieren Sie die Funkienblätter zu einer Manschette. Binden Sie die Stiele mit Bast zusammen und schneiden sie dann auf gleiche Länge. Füllen Sie die Schale zur Hälfte mit Wasser und dann den Strauß hineinstellen.
Die Funkienblätter sollten am Rand der Schale aufliegen, gegebenenfalls müssen Sie den Strauß nochmals kürzen.

1

2

3

4

Wildhecke für Zuhause

Mit dieser charmanten Mischung aus Rosa, Weiß und Flieder, eingebettet in Eichenblätter, Rosen und Wildblumen, zaubern Sie eine bunte Wildhecke auf Ihre Fensterbank. Und ähnlich der Form einer Hecke verjüngt sich das Gesteck vom dichten, breiten Fuß zur Spitze hin.

Benötigte Zeit: 30 Minuten

Das brauchen Sie

1 KLEINES BUND MINZE
7 FLIEDERFARBENE ROSEN (Z. B. SORTE ›MAINZER FASTNACHT‹)
EINIGE STÄNGEL MINIATUR-AGAPANTHUS (BRODIAEA)
EINIGE ZWEIGE WEISSE GARTEN-BARTFADEN (PENSTEMON)
1 KLEINES BUND WEISSER SCHNEEFELBERICH (LYSIMACHIA CLETHROIDES)
EICHENZWEIGE
CRAQUELÉ-ÜBERTOPF
STECKMASSE
MESSER
ROSENSCHERE

Das Grundgerüst bilden

1. Mit einem scharfen Messer schneiden Sie die Steckmasse so zurecht, dass sie in den Übertopf passt (s. Seite 136). Die Masse ausreichend wässern und in den Topf legen. Als Nächstes entfernen Sie alle unteren Blätter der Blumen. Den Topfrand mit ein paar kleinen Eichenzweigen säumen und in die Mitte einen Bartfadenzweig stecken. Er sollte die Höhe des Gesteckes vorgeben.

Die Mitte füllen

2. Nehmen Sie je eine Rose, Minze und Schneefelberich, die drei Stängel etwas stärker kappen als den Bartfaden und anschließend um den Penstemon arrangieren.

Den Strauß formen

3. Stecken Sie drei Agapanthus-Stängel zu einem Bündel, anschließend weitere Blumen und Blätter hinzufügen. Achten Sie darauf, dass die Arten gleichmäßig verteilt sind und der Strauß gleich bleibend von der Spitze bis zu den Eichenzweigen abfällt.

Die Lücken schließen

4. Nun fügen Sie weitere Bündel aus jeweils drei Agapanthus-Stängeln hinzu. Dabei den Topf regelmäßig drehen, so dass Sie Ihr Gesteck von allen Seiten betrachten können. Schließen Sie alle Zwischenräume mit Blumen, bis Ihr Arrangement eine natürliche Fülle erreicht hat.

Tipp

Beginnen Sie den Strauß mit möglichst vielen Blättern und stecken erst dann die Blumen hinzu. Auf diese Weise erhalten Sie ein ausgewogenes Verhältnis von Blüten und Blättern. Halten Sie die Steckmasse gut feucht, da sie viele Pflanzen versorgen muss.

Nicht nur Frucht

Dieser farbenfrohe Tafelschmuck ist mehr als ein Augenschmaus. Die warmen Farbtöne aus sattem Rot und Mauve sind ein schöner Kontrast zum Hellgrün der Blätter und Blüten. Das Bukett eignet sich besonders für Hochzeiten, da Obst, in diesem Arrangement Kirschen und Rote Johannisbeeren, in vielen Kulturen ein Symbol der Fruchtbarkeit ist.

Benötigte Zeit: 25 Minuten

Das brauchen Sie

1 KLEINES BUND FRAUENMANTEL (ALCHEMILLA)
20 DUNKELPURPURROTE DUFTWICKEN
5 FLAMMENLILIEN (GLORIOSA)
1 SCHALE KIRSCHEN
1 SCHALE ROTE JOHANNISBEEREN
FLACHE GLASSCHALE
SCHERE

1
2
3
4

Den Schalenrand dekorieren

1. Füllen Sie die Schale mit Wasser. Danach einige kleine Frauenmantelzweige abschneiden und so an den Rand legen, dass ihre Stiele ins Wasser ragen.

Ein Kranz aus Blüten

2. Einige Zweige der Flammenlilien mit Blättern in die Mitte der Schale legen. Die Blüten der Duftwicken abschneiden und sie am Rand zwischen dem Frauenmantel verteilen.

Weitere Blüten hinzufügen

3. Arrangieren Sie nun einige Blüten der Flammenlilien zwischen den anderen Blumen. Achten Sie darauf, dass Ihre Stiele stets ins Wasser tauchen.

Die Mitte auffüllen

4. Geben Sie zwei gehäufte Hand voll Kirschen zwischen die Blumen in die Schalenmitte.

Aufbauen

5. Arrangieren Sie weitere Wicken sowie Zweige und Blüten der Flammenlilien auf den Kirschen. Die Blüten und Stiele sollten übrigens immer ins Wasser ragen.

Die Lücken schließen

6. Füllen Sie weitere Kirschen in die verbliebenen Zwischenräume. Zusammen mit den Johannisbeeren platzieren Sie anschließend weitere Blüten und Blätter auf dem Rand der Schale so, dass sie über den Rand hängen.

Variante

Anstelle der Kirschen können Sie auch Limonen oder Blaubeeren verwenden.

Tipp

Dieser Tischschmuck hält etwa eine Woche, wenn er an einem kühlen Platz nicht direkt in der Sonne steht und Sie regelmäßig Wasser nachfüllen.

Sommerwiese

Beim Anblick dieses naturnahen Blumenkübels könnte man fast glauben, auf einer üppig blühenden Sommerwiese voller Wildblumen zu stehen. Stellen Sie den Kübel an einen kühlen, hellen Ort oder auf die Eingangsstufen Ihres Hauses, wo er durch seinen ländlichen Flair fasziniert.

Benötigte Zeit: 40 Minuten

Das brauchen Sie

3 TOPFPFLANZEN ROTER MOHN
6 TOPFPFLANZEN ZIERGRAS
3 TOPFPFLANZEN WEISSE SCHMUCKKÖRBCHEN ODER KOSMEEN
ZINKWANNE
BLUMENERDE
GARTENSCHAUFEL
DRAINAGEMATERIAL (NACH WUNSCH)

1

2

3

4

Die Wanne füllen

1. Geben Sie so viel Blumenerde in die Wanne, dass noch ein Rand von etwa 10 cm frei bleibt. Falls die Wanne keinen Abfluss hat, bohren Sie vor dem Einfüllen der Erde einige Löcher in das Blech oder legen Sie den Boden mit einer Schicht Drainagematerial aus (s. Seite 143). Als Drainage können Sie Kieselsteine, Styroporstückchen oder Kies verwenden.

Planen

2. Überlegen Sie zunächst, wie die Pflanzen später stehen sollen. Stellen Sie sie hierzu noch mit Topf in die Wanne und setzen sie so lange um, bis Ihnen die Anordnung gefällt.

Die Transporttöpfe entfernen

3. Nachdem Sie Ihre Planung abgeschlossen haben, nehmen Sie die Pflanzen aus den Töpfen. Gegebenenfalls zu dichte Wurzelballen lockern.

Einpflanzen

4. Drücken Sie die Pflanzen so weit in die Erde, dass sich die Oberfläche des Wurzelballens knapp unter dem Wannenrand befindet.

Auffüllen

5. Schütten Sie nun Erde in die Zwischenräume der Pflanzen und ebnen Sie anschließend die Oberfläche ein.

6. Nun die Erde um die Pflanzenwurzeln festdrücken und gegebenenfalls weitere Erde nachfüllen.

Tipp

Ungefähr eine Stunde vor dem Umpflanzen sollten Sie die Pflanzen gut wässern, damit die Wurzeln ausreichend feucht sind.
Verwenden Sie in diesem Falle Erde, die nicht zu viel Wasser speichert.
Die Erde immer feucht halten und an heißen Tagen nicht vergessen, regelmäßig zu gießen.
Denken Sie auch daran, Ihre Blumenwiese im Frühjahr und Sommer regelmäßig zu düngen.

Ein Fest des Bacchus

Diese Vase aus Metall, gefüllt mit einer verschwenderischen Blumenpracht in satten Blau- und Grüntönen in Kombination mit hellem Rosa, erfreut nicht nur den Weinliebhaber. Weintrauben, die Symbole des Bacchus, verleihen diesem Arrangement ein fast barockes Erscheinungsbild. Diesen Eindruck können Sie noch steigern, indem Sie die Blumenvase vor einen Spiegel mit üppigem Goldrahmen stellen.

Benötigte Zeit: 45 Minuten

Das brauchen Sie

4 DUNKELBLAUE RITTERSPORNE
5 MUSCHELBLUMEN
5 HELLBLAUE SCHMUCKLILIEN (AGAPANTHUS)
8 ROSAFARBENE ROSEN
1 BUND WOLFSMILCH (EUPHORBIA)
2 TRAUBEN MIT BLAUEN WEINBEEREN
GROSSE BAUCHIGE METALLVASE
STECKMASSE
MESSER
ROSENSCHERE
KLARSICHTFOLIE
SCHERE

1

2

3

4

Die Vase vorbereiten

1. Kleiden Sie die Vase innen mit Folie aus, um sie vor der Nässe zu schützen (s. Seite 136). Mit einem scharfen Messer schneiden Sie die Steckmasse so, dass sie in das Gefäß passt. Anschließend die Masse gut wässern und sie dann in die Vase hineindrücken. Die überstehende Folie einfach abschneiden.

Mit dem Gesteck beginnen

2. Entfernen Sie an den Rittersspornstielen die unteren Blätter. Stecken Sie einen hohen Rittersporn hinten in die Mitte und versetzt davor zwei kürzere.

Den Fächer aufbauen

3. Nun die Muschelblumen auf gleiche Weise entlauben und zwei der Blumen seitlich neben den hinteren Rittersporn stecken. Befestigen Sie sie in einem leichten Winkel, so dass sie fächerförmig nach außen abfallen. Zwischen die beiden anderen Ritterspornpflanzen setzen Sie nun eine Muschelblume. Anschließend zwei weitere kürzere Stängel dieser Blumen links und rechts von dem kurzen Rittersporn stecken. Auch hier sollten die Blumen fächerförmig stehen.

Auffüllen

4. Jetzt verteilen Sie die Schmucklilien gleichmäßig, aber in unterschiedlichen Längen im Gesteck, bis der Fächer fertig ist. Mit den Rosen füllen Sie jetzt gleichmäßig die noch freien Zwischenräume im Gesteck, wobei die Rosen als Blickfang gut sichtbar sein sollten.

Letzter Schliff

5. Mit der Wolfsmilch können Sie am Ende das Gesteck dort auffüllen, wo es etwas licht erscheint, insbesondere am Rand der Vase. Durch geschicktes Arrangieren dieser Blumen gewinnt die Komposition an Tiefe. Anschließend schneiden Sie die Trauben der Weinrebe in mehrere kleine Teile. Einige abgeschnittene Rosenstiele verwenden Sie als Anker, um die Weintrauben, die über den Vasenrand hängen sollten, in der Steckmasse zu fixieren.

Herbst

▼ **Äpfel** wie auch andere Obst- und Gemüsesorten können Ihre herbstlichen Gestecke zur Erntezeit oder zu Halloween reizvoll und abwechslungsreich ergänzen. Unter den vielen Sorten finden Sie bestimmt einige, die in Form und Farbe Ihren Vorstellungen entsprechen.

▼ **Chrysanthemen** Diese großen Blumen blühen im Herbst in allen Varianten von Rosa, über Gelb, Rot, Orange bis Weiß – viele Sorten besitzen sogar mehrfarbige Blüten. Für Herbstgestecke sind vor allem orangefarbene, gelbe und goldgelbe Sorten bestens geeignet, die in farbenprächtigen, üppigen Sträußen sehr eindrucksvoll wirken.

▲ **Rosen** *(Rosa)* Orangefarbene, rote, rotbraune und goldgelbe Rosensorten geben das stimmungsvolle und warme Gefühl dieser Jahreszeit am besten wieder. Rosen mit fest geschlossenen Knospen sollten Sie im Herbst aber besser nicht mehr verwenden, da die Gefahr besteht, dass sich diese nicht mehr öffnen.

▼ **Venusschuh** *(Paphiopedilum)* Die großen, glänzenden Blüten von Orchideen, die auf schlanken, grazilen Stielen sitzen, verleihen so manchem Herbststrauß eine besondere, exotische Note. Viele Orchideenarten haben rotbraune Blüten in Kombination mit kräftigem Grün und purpurroten Flecken. Sie erhalten diese langlebigen Blumen als Schnittblumen oder als Topfpflanzen, an denen Sie sich dann auch im nächsten Jahr erfreuen können.

▼ **Kalla** *(Zantedeschia)* Die typisch tütenförmige Blüte der Kalla zieht Blicke förmlich auf sich – ganz gleich, ob im Strauß zusammen mit anderen Kallas oder als Blickfang in einem Arrangement mit anderen Blumen. Eine besonders eindrucksvolle herbstliche Stimmung erhalten Sie durch orangefarbene Sorten, aber probieren Sie ruhig einmal auch Sorten mit kräftigem Rosa, weichem Gelb, dunklem Kastanienbraun oder Purpurrot aus.

▲ **Hortensien** *(Hydrangea)* Diese großen, schönen kugeligen Blütenstände wirken in schlichten Arrangements genauso gut wie in üppigen Sträußen, wo sie eindrucksvoll als farbenprächtiger Hintergrund dienen. Sie blühen in Dunkelrot, Altrosa, Hellblau und Weiß. Hortensien können in Gestecken langsam trocknen. Anschließend kann man sie für Trockensträuße benutzen, da ihre Farben kaum verblassen.

Herbstsonne

Wenn sich die warme Jahreszeit ihrem Ende zu neigt und die Tage kürzer werden, erinnert das leuchtende, fröhliche Gelb der Sonnenblumen an vergangene Sommertage. Die getrockneten Maiskolben in diesem Gesteck, die das charakteristische Schachbrettmuster der Sonnenblumenköpfe aufnehmen, weisen auf den Herbst hin. Die Zinkeimer sollten schwer genug sein, damit die Sonnenblumen nicht umkippen.

Benötigte Zeit: 15 Minuten

Das brauchen Sie

3 SONNENBLUMEN
9 GETROCKNETE MAISKÖLBCHEN
3 ZINKEIMER
STECKMASSE
MESSER
KLARSICHTFOLIE
SCHERE

1

2

3

Vorbereiten

1. Schlagen Sie die Eimer mit Folie aus, damit sie wasserdicht sind. Die Steckmasse passend zurechtschneiden und ausreichend wässern. Dann drücken Sie so viel Masse in die Eimer, dass ein etwa 2,5 cm breiter Rand unterhalb der Eimerkante frei bleibt. Danach überstehende Folie mit der Schere abschneiden.

Auf die gewünschte Länge kürzen

2. Schneiden Sie die drei Sonnenblumen auf gleiche Länge. Die Stiele sollten dabei nicht zu lang sein, damit das Gleichgewicht des Gestecks nicht gestört wird. Setzen Sie je eine Sonnenblume in die Eimermitte.

Die Maiskolben arrangieren

3. Legen Sie je drei Maiskolben auf die Steckmasse um die Sonnenblume herum. Dabei sollten alle in eine Richtung weisen. Schlagen Sie die Hüllblätter der Kolben um, damit die Früchte besser zur Geltung kommen.

Tipp

Sonnenblumen brauchen viel Wasser, Sie sollten sie daher regelmäßig gießen, damit die Steckmasse nicht austrocknet.

1

2

3

Exotisches Kunstwerk

Orangefarbene Kallas und Orchideen (Cymbidium-Hybriden) sind zwar das ganze Jahr über erhältlich, doch ihre dunklen, warmen Farbtöne eignen sich ideal für Herbstgestecke. In Kombination mit schlanken Palmfarnblättern machen sie auch schlichte Arrangements zu exotischen Kreationen, die ihre bezaubernde Schönheit in einer klaren Glasvase vollends entfalten.

Benötigte Zeit: 15 Minuten

Das brauchen Sie

3 ORANGEFARBENE KALLAS
3 PALMFARNBLÄTTER (CYCAS)
1 KLEINES BUND ORCHIDEEN (CYMBIDIUM-HYBRIDEN)
RECHTECKIGE GLASVASE
ROSENSCHERE

Eine perfekte Symmetrie

1. Füllen Sie die Vase zu drei Viertel mit Wasser, dem Sie einige Tropfen Bleichmittel zusetzen (s. Seite 140). Verteilen Sie die Palmfarnblätter gleichmäßig in der Vase, je eines an den Seiten und das dritte in der Mitte. Berücksichtigen Sie dabei die natürliche, leicht gebogene Form der Blätter und stellen Sie sie so auf, dass sie optimal zur Geltung kommen. Kreuzen Sie die Stiele in der Vase, damit sich die Blätter gegenseitig stützen.

Den Kern zusammenstellen

2. In die Mitte des Arrangements setzen Sie die Kallas und stecken ihre Stängel zwischen die Stängel der Farnblätter, damit sie nicht verrutschen.

Die Lücken schließen

3. Nun einige Orchideen unterhalb der Kallas platzieren, um die Zwischenräume zu schließen und dem Gesteck mehr Fülle zu geben. Stecken Sie auch diese Stiele zwischen die anderen, damit der Strauß stabiler wird.

1

2

3

Ton in Ton

Auch wenn Nelken heutzutage eher als altmodisch und langweilig gelten, schätzen Blumenliebhaber diese Blume. Sie eignet sich einfach ideal, um schlichte, aber stilvolle Arrangements wie dieses zu gestalten. Und ihre Vorteile überzeugen: Nelken bleiben lange frisch und ihre satten Farbtöne passen ausgezeichnet in die herbstliche Zeit.

Benötigte Zeit: 15 Minuten

Das brauchen Sie

5 ORANGEFARBENE NELKEN
5 ROTE NELKEN
5 ROSAFARBENE NELKEN
GEFÄSS AUS ALUMINIUM ODER EDELSTAHL
ROSENSCHERE
KIESELSTEINE
FLORISTENBAND

Die Kuppe formen

1. Beginnen Sie mit einer Nelke von jeder Farbe. Greifen Sie sie direkt unterhalb der Blüte und formen sie anschließend zu einer flachen Kuppe. Dann binden Sie weitere Nelken ein; achten Sie auf farbliche Abwechslung. Kombinieren Sie immer nur verschiedenfarbige Sorten nebeneinander. Binden Sie die Nelkenblüten so dicht nebeneinander zusammen, dass eine geschlossene, runde Kuppe entsteht.

Den Strauß fixieren

2. Wenn die Kuppe fertig ist, binden Sie die Stiele etwa 8 cm unterhalb der Blüten sowie etwa 8 cm oberhalb der Stielenden mit Floristenband zusammen. Anschließend die Stiele auf gleiche Länge schneiden.

Sicherer Stand

3. Stellen Sie den Strauß in die Gefäßmitte und halten ihn fest. Dann das Gefäß bis zum Rand mit Kieselsteinen füllen und Wasser hineingießen.

Variante

In größerem Maßstab wirkt dieses Gesteck auch im Sommer sehr imposant, wenn Sie statt der Nelken Pfingstrosen oder Rosen verwenden.

1

2

3

4

Stachlige Schönheit

Dieser herbstliche Strauß, der als klassisches Blumenbukett gebunden ist, besticht durch eine wundervolle Mischung verschiedener Farben und Formen. Die dunkelroten Rosen stehen in einem markanten Gegensatz zu den blauen Edeldisteln. Diese Spannung wird durch die dunkelpurpurroten Blätter des Perückenstrauchs und die hellgrünen Bouvardien vertieft.

Benötigte Zeit: 25 Minuten

Das brauchen Sie

12 ROTE ROSEN
1 GROSSES BUND BLAUE EDELDISTELN
1 GROSSES BUND GRÜNE BOUVARDIEN
PURPURROTE BLÄTTER VOM PERÜCKENSTRAUCH (COTINUS)
1 BUND SCHLEIM- ODER FLEISCHBEEREN MIT BEEREN (SARCOCOCCA)
KLEINE GLASVASE
ROSENSCHERE

Den Kern binden

1. Füllen Sie die Vase zu drei Viertel mit Wasser, dem Sie ein paar Tropfen Bleichmittel zusetzen (s. Seite 140). Bereiten Sie die Pflanzen vor und entfernen die unteren Blätter von allen Blumen und Grünpflanzen. Dann beginnen Sie mit dem Kern: eine Rose, eine Distel und eine Bouvardie. Formen Sie aus den Blumen einen festen, eng gebundenen Strauß.

Den inneren Ring binden

2. Um diesen Kern binden Sie einen Ring aus drei Zweigen der Fleischbeere. Setzen Sie die Stiele leicht angewinkelt an, damit eine Spirale entsteht (s. Seite 140).

Den äußeren Ring binden

3. Nehmen Sie weitere Blumen und Zweige und binden sie gleichmäßig verteilt ein. Achten Sie dabei darauf, dass die Spirale erhalten bleibt, und setzen Sie die Stiele angewinkelt immer in gleicher Richtung an. Anschließend die Stiele kurz über den Enden abschneiden.

Die Länge prüfen

4. Stellen Sie den Strauß in die Vase und kontrollieren Sie seine Höhe, die untersten Blätter sollten direkt auf dem Glasrand liegen. Einen zu langen Strauß kürzen Sie entsprechend. Achten Sie dabei darauf, dass Sie das Arrangement der Blumen nicht durcheinander bringen.

1

2

3

4

Großstadt-dschungel

Elegante weiße Gladiolen bestimmen dieses klare, ruhige und moderne Arrangement. Die Wirkung der weißen Blumen vor dem üppigen grünen Blattwerk wird durch die breiten und kräftigen Blätter der Monstera und die schlanken Anthurien verstärkt.

Benötigte Zeit: 25 Minuten

Das brauchen Sie

4 MONSTERA-BLÄTTER (FENSTERBLATT)
1 GROSSES BUND WEISSE GLADIOLEN
4 GRÜNE FLAMINGOBLUMEN (ANTHURIEN)
1 BUND EUKALYPTUSZWEIGE
GROSSE GLASVASE
ROSENSCHERE

Den Vasenrand bedecken

1. Füllen Sie die Vase mit Wasser und geben Sie einige Tropfen Bleichmittel hinein (s. Seite 140). Beginnen Sie mit den Monstera-Blättern und setzen Sie sie auf den Rand der Vase. Kreuzen Sie die Stiele in der Vase, so dass sie sich gegenseitig stützen.

Aufbauen

2. Legen Sie zwei Gladiolen zur Seite und schneiden Sie die restlichen auf etwa gleiche Länge wie die Blätter. Anschließend kreisförmig in die Vase stellen. Setzen Sie die beiden längeren Gladiolen in die Mitte des Straußes. Die Stiele zwischen die der Blätter stecken, damit der Strauß Halt hat.

Auffüllen

3. Danach die Anthurien über den Monstera-Blättern in den unteren Teil des Gestecks setzen, so dass ihre Staubgefäße nach außen zeigen.

Die Lücken schließen

4. Mit den Eukalyptuszweigen füllen Sie entstandene Zwischenräume. Stecken Sie die Blätter so in den Strauß, dass alle Farben gleichmäßig verteilt sind.

Tipp

Entfernen Sie die obersten Knospen der Gladiolen, so blühen die unteren Knospen schneller auf.

1
2
3
4

Dunkler Blütentraum

Diese harmonische Komposition mit dem Feuer von rubinroten Dahlien, blutroten Leucadendron-Blättern und dem kontrastreichen Grün der Bouvardien entfaltet ihren vollen Charme in einer schwarzen, glänzenden Schale. Eine Manschette aus Efeublättern, liebevoll auf dem Schalenrand arrangiert, vollendet diese exquisite Mischung aus Farben und Formen.

Benötigte Zeit: 25 Minuten

Das brauchen Sie

1 GROSSES BUND ROTE DAHLIEN
5 GRÜNE BOUVARDIEN
LEUCADENDRON-BLÄTTER
FLACHE, RUNDE BLÄTTER, Z. B. EFEU ODER BRONZEBLATT
SCHWARZE SCHALE
ROSENSCHERE

Den Kern binden

1. Füllen Sie die Vase mit Wasser. Dann die unteren Blätter von Bouvardien, Dahlien und Leucadendron abstreifen. Beginnen Sie mit einem kleinen Strauß für den Kern. In seine Mitte setzen Sie eine Bouvardie und binden außen drei Leucadendron-Blätter ein (s. Seite 140). Zwischen die Leucadendron-Blätter setzen Sie drei Dahlien. Achten Sie darauf, dass die Pflanzen symmetrisch verteilt sind.

Die Kuppe bilden

2. Nehmen Sie drei weitere Bouvardien und binden sie in regelmäßigem Abstand um den Kern. Dazwischen abwechselnd Dahlien und Leucadendron-Blätter ergänzen. Achten Sie darauf, dass sich die Stiele nur leicht überkreuzen, damit die Blüten eine dichte Kuppe bilden.

Zurechtschneiden

3. Schauen Sie sich während des Bindens den Strauß immer wieder kritisch von allen Seiten an. Wenn Sie fertig sind, kürzen Sie die Stiele auf gleiche Länge, ohne dass dabei die Pflanzen verrutschen.

Die Manschette bilden

4. Stellen Sie den Strauß zum Schluss in die Schale. Die Efeu- oder Bronzeblätter auf die entsprechende Länge zurechtschneiden und dicht nebeneinander um den Schalenrand stecken.

1

2

3

Klassisch elegant

Ein eintöniger, steifer Blumenstrauß wird zum bezaubernden und exquisiten Prunkstück, wenn man sich traut, die poppigen Farben und Formen runder, noch saftiger Mohnfruchtstände, giftgrüner Chrysanthemen und schockierender, rosafarbener Dahlien mit einer klassischen, goldenen Vase zu kombinieren.

Benötigte Zeit: 30 Minuten

Das brauchen Sie

10–12 CHRYSANTHEMEN
10–12 ROSAFARBENE DAHLIEN
10–12 MOHNSAMENKAPSELN
KLEINE KLASSISCHE VASE
STECKMASSE
MESSER
KLARSICHTFOLIE
SCHERE
ROSENSCHERE

Das Gefäß vorbereiten

1. Kleiden Sie die Vase zum Abdichten mit Folie aus (s. Seite 136). Mit einem scharfen Messer die Steckmasse passend zuschneiden und ausreichend in Wasser tränken. Dann setzen Sie die Masse so in das Gefäß, dass sie leicht über den Rand ragt – so haben Sie mehr Platz zum Stecken. Als Nächstes entfernen Sie die überstehende Folie. In die Mitte der Masse setzen Sie eine Mohnsamenkapsel und stecken dann abwechselnd zwei Chrysanthemen und zwei Dahlien im Kreis darum herum. Die Stiele werden so über Kreuz eingesteckt, dass die Blüten nach außen zeigen.

Eine Kugel formen

2. Nun setzen Sie vier weitere Mohnsamenstände außen um den Kern immer zwischen die übrigen Stängel, so dass die Symmetrie des Gestecks erhalten bleibt.

Die Kugel vollenden

3. Etwas unterhalb der Dahlien werden anschließend zwei weitere Chrysanthemen auf jede Seite gesteckt, so entsteht ein Dreieck. Dann platzieren Sie zwei weitere Dahlien etwas tiefer als die ersten Chrysanthemen. Am Fuß des Gestecks ergänzen Sie eine Reihe mit Mohnsamen, die Lücken am Vasenrand füllen Sie mit weiteren Blumen. Achten Sie dabei darauf, dass die Symmetrie im Strauß erhalten bleibt.

Tipp

Versuchen Sie, die Blumen gleich beim ersten Mal an ihren endgültigen Platz zu stecken. Da die Steckmasse verhältnismäßig viele Stiele aufnehmen muss, wird sie schnell brüchig, wenn Sie die Stiele immer wieder umstecken.

Stimmungsvoller Herbstkorb

Verschiedene rotbraune Farbtöne, arrangiert mit dichtem Blattgrün in einem robusten Weidenkorb, sind ein klassisches Herbstgesteck. Doch kombiniert mit exquisiten Rosen und den interessanten Blättern eines Zierkohls besticht diese Kreation durch seine ungewöhnliche Eleganz. Dieses harmonische Gesteck eignet sich besonders gut für ein romantisches Essen bei Kerzenschein.

Benötigte Zeit: 40 Minuten

Das brauchen Sie

3 ROTE HORTENSIENBLÜTEN
3–4 KÖPFE ZIERKOHL (BRASSICA)
6–8 ROSEN (Z. B. DIE SORTE ›LEONIDAS‹)
1 KLEINES BUND JOHANNISKRAUT (HYPERICUM)
RHODODENDRENZWEIGE
KORB
STECKMASSE
MESSER
KLARSICHTFOLIE
SCHERE
ROSENSCHERE

1
2
3
4

Vorbereiten

1. Zum Abdichten den Korb mit Folie auskleiden (s. Seite 136). Die Steckmasse passend zurechtschneiden, ausreichend wässern und anschließend in den Korb setzen. Überstehende Folie schneiden Sie ab. Von den Rhododendrenzweigen schneiden Sie kleine Stücke mit kurzen Stängeln ab und stecken sie rund um den Korbrand.

Die Kuppe formen

2. Setzen Sie weitere Rhododendrenzweige in die Steckmasse; Sie sollten eine dichte Blätterkuppe erhalten, die den Korb ausfüllt und auf allen Seiten bis zum Rand hinunterreicht.

Die Kuppe fertig stellen

3. Nun schneiden Sie die Hortensien auf die entsprechende Größe zu und stecken sie gleichmäßig verteilt zwischen die Blätter.

4. Den Strunk des Zierkohls kürzen und schräg anschneiden, um ihn leichter einstecken zu können. Verteilen Sie die Kohlköpfe harmonisch zwischen den Blättern.

Die Rosen hinzufügen

5. Streifen Sie Laub und Dornen von den Rosenstielen und schneiden Sie sie auf die gewünschte Länge zu. Die Rosen gleichmäßig verteilen und etwas über die Blätter hinausragen lassen.

Die Lücken schließen

6. Entfernen Sie die unteren Blätter vom Johanniskraut und kürzen Sie die Stiele. Mit Johanniskraut können Sie nun vorhandene Lücken schließen und den Gesamteindruck des Gestecks interessanter machen.

Variante

Wenn Sie zusätzlich weiße Blüten hinzufügen, wird der Strauß heller und freundlicher. Hierfür eignen sich weiße oder cremefarbene Rosen besonders gut.

Tipp

Die Steckmasse sollten Sie täglich wässern, damit sie immer feucht ist.
Die Hortensien vertrocknen mit der Zeit. Man kann sie aber anschließend für andere Arrangements nutzen, da sie in der Regel ihre Farbe lange halten.

Bizarre Schönheit

Der Charme dieses Arrangements entsteht aus dem Kontrast von Form und Struktur zwischen dem aufrechten Efeu und exotischen Orchideen einerseits und den bizarren, bodenbedeckenden Korallenbeeren andererseits. Ob traditionell oder modern – dieser Korb passt in einfach jedes Wohnzimmer.

Benötigte Zeit: 40 Minuten

Das brauchen Sie

2 TOPFPFLANZEN VENUSSCHUH
6–8 KORALLENBEEREN (NERTERA)
1 TOPFPFLANZE EFEU
(Z. B. DIE SORTE ›CONGESTA‹)
KORB
KLARSICHTFOLIE
SCHERE
KIESELSTEINE
ZIMMERPFLANZENERDE
MOOS

1

2

3

Vorbereiten

1. Kleiden Sie den Korb mit Folie aus, um ihn abzudichten (s. Seite 136). Dann bedecken Sie den Boden mit einer Schicht aus Kieselsteinen, die als Drainage dient.

Die Orchideen einsetzen

2. Geben Sie eine Lage Erde auf die Kieselsteine und stellen Sie die Orchideen in ihren Töpfen nebeneinander. Achten Sie darauf, dass sich die Topfränder etwas unterhalb des Korbrands befinden.

Den Efeu hinzufügen

3. Um die Orchideen verteilen Sie nun weitere Erde und drücken diese fest. Nehmen Sie den Efeu aus seinem Transporttopf und pflanzen ihn so hinter die Orchideen, dass man ihn gut sehen kann. Drücken Sie den Wurzelballen des Efeus an. Dann den Korb mit Erde füllen, dass ein Rand von etwa 5 cm frei bleibt.

Den Boden bedecken

4. Die Korallenbeeren aus den Transporttöpfen nehmen und um die Orchideen einpflanzen. Achten Sie dabei darauf, dass Blätter und Beeren den Boden gut bedecken.

Die Lücken schließen

5. Füllen Sie vorhandene Zwischenräume mit Moos, bis die Erde vollständig abgedeckt ist, vor allem rund um die Orchideen. Dann schneiden Sie die überstehende Folie am Korbrand ab, eventuell vorhandene Reste verbergen Sie am Rand. Die Erde immer ausreichend feucht halten, damit die Wurzeln genügend Wasser bekommen. Regelmäßiges Düngen lässt Orchideen und Korallenbeeren besser wachsen.

Tipp

Lassen Sie die Orchideen stets in ihren Töpfen, da diese eine spezielle »Orchideenerde« enthalten.

1

2

3

4

Ein Leuchter mit Stil

Dieser massige Leuchter wird der unumstrittene Mittelpunkt Ihrer Feste. Eine etwas kleinere Version erfüllt beim herbstlichen Gänsebratenessen oder anderen Festessen als passender Tischschmuck hervorragende Dienste. Auf dem Esstisch, wo weniger Platz ist, müssen Sie nicht mit Kürbissen dekorieren, auch andere Früchte wie beispielsweise Physalis oder Hagebutten zaubern eine herbstliche Atmosphäre.

Benötigte Zeit: 45 Minuten

Das brauchen Sie

METALLLEUCHTER
KERZEN
EFEURANKEN
GRANATÄPFEL
KÜRBISSE
ÄPFEL
EDELKASTANIEN
ROSENSCHERE

Den Leuchter dekorieren

1. Nehmen Sie mehrere Efeuranken und drehen daraus ein Bündel. Nun wickeln Sie das Bündel um einen Arm des Leuchters und befestigen die Enden in der Mitte. Verfahren Sie mit dem anderen Leuchterarm und dem restlichen Ständer genauso. Wickeln Sie dabei die einzelnen Bündel in verschiedene Richtungen über Kreuz, bis der Kandelaber vollständig bedeckt ist.

Die Enden drapieren

2. An den äußeren Enden der Kandelaberarme drapieren Sie die einzelnen Efeuranken so, dass sie wie ein Fächer fallen.

Die Früchte hinzufügen

3. Bei diesem Leuchter sind die Arme praktischerweise mit Haken versehen, auf denen sich beispielsweise Granatäpfel aufspießen lassen. Sie können die Früchte natürlich auch mit Draht befestigen (s. Seite 139).

Den Fuß verdecken

4. Wenn der Leuchter vollständig von Efeu eingehüllt ist, legen Sie um den Fuß Früchte zu einem farbenprächtigen Arrangement, das zu guter Letzt mit einigen Kastanien verziert wird.

Tipp

Legen Sie die Efeuranken etwa eine Stunde vor dem Binden in Wasser. Vor allem wenn der Kandelaber später in einem beheizten Raum steht, sollten Sie den Efeu vorher wässern. Dekorieren Sie den Leuchter am besten gleich vor Ort, da Sie ihn später wohl kaum noch woanders aufstellen können.

Winter

▼ **Stechpalme** *(Ilex)* Die grünen Blätter der Stechpalme sind sehr beliebt und schmücken traditionell viele weihnachtliche Gestecke. Sie sind zwar das ganze Jahr über zu kaufen, aber mit ihren roten und weißen Beeren setzen sie gerade in winterlichen Arrangements interessante Akzente. Stechpalmen halten sehr lange und es gibt sie in vielen verschiedenen Sorten, darunter auch solche mit gemusterten Blättern.

▼ **Lampionblume** oder **Kap-Stachelbeere** *(Physalis)* Der hauchdünne, zarte Kelch, der die goldgelbe Frucht umschließt, erinnert an chinesische Papierlaternen. Die schmackhaften, süßen Beeren eignen sich hervorragend für Kränze, sie verleihen aber auch jedem Blumenstrauß eine besondere exotische Note.

▲ **Amerikanische Winterbeere** *(Ilex verticillata)* Dieser Strauch ist ein naher Verwandter der Stechpalme. Ihre Trauben aus hellroten Beeren sind willkommene Farbtupfer für fast jedes Arrangement, sie wirken schon aufgrund ihrer interessanten Form als optische Bereicherung. Achtung: Die Beeren sehen fast aus wie Rote Johannisbeeren, sind jedoch wie alle Früchte der Gattung *Ilex* giftig.

▼ **Preiselbeere** *(Vaccinium)* Kleine, essbare Beeren wie Preiselbeeren kann man frisch oder getrocknet verwenden. Mit ihrer dunklen, warmen Farbe ergänzen sie insbesondere Tischdekorationen in Herbst und Winter.

▼ **Amaryllis** *(Hippeastrum)* Meist bekommt man sie als Topfpflanze, aber auch als Schnittblume wird sie zum Höhepunkt eines Weihnachtsstraußes. Ihre Blüten, groß und üppig, blühen in Weiß, Rosa oder Leuchtendrot.

▲ **Walnüsse** Diese typischen Nüsse der Adventszeit schmecken nicht nur köstlich, sondern verschönern viele Blumengestecke mit ihren zerfurchten Schalen. Sie lassen sich sowohl lose als auch mit Heißkleber oder Draht fixiert einarbeiten.

1
2
3

Eisblumen

Schneeweiße Eucharis und silbrig matte Eukalyptusblätter erwecken bei diesem Arrangement den Eindruck, als sei es von Raureif überzogen. Die flauschigen Weidenkätzchen mildern den Frost und bringen Farbe in den Strauß. Vor allem in enghalsigen Vasen kommen die sich sanft ausbreitenden Zweige wunderbar zur Geltung.

Benötigte Zeit: 15 Minuten

Das brauchen Sie

- 1 KLEINES BUND WEISSE EUCHARIS (AUCH HERZENSKELCH ODER AMAZONASLILIE GENANNT)
- EUKALYPTUSZWEIGE
- 1 KLEINES BUND SALWEIDE (WEIDENKÄTZCHEN)
- RAUCHGLASVASE
- ROSENSCHERE

Die Blumen vorbereiten

1. Die Vase zur Hälfte mit Wasser füllen und einige Tropfen Bleichmittel dazugeben (s. Seite 140). Streifen Sie die unteren Blätter von den Eukalyptuszweigen ab und schneiden diese auf leicht unterschiedliche Länge zu. Aus einigen Zweigen der Weidenkätzchen und ein paar Eukalyptuszweigen bilden Sie ein kleines Bund.

Den Strauß binden

2. Binden Sie weitere Eukalyptusstängel und Weidenkätzchen zu einem gemischten Strauß, der eine runde Form hat (s. Seite 140). Die Stängel danach auf gleiche Länge schneiden und den Strauß in die Vase stellen. Dabei sollten sich die untersten Blätter dicht über dem Vasenrand befinden. Wenn die Zweige zu lang sind, nehmen Sie den Strauß heraus und kürzen ihn entsprechend.

Farbtupfer hinzufügen

3. Schneiden Sie die Eucharis auf die gewünschte Länge und setzen Sie sie so in den Strauß, dass sie gleichmäßig verteilt sind. Wenn Sie die Eucharis unterschiedlich einkürzen, wirkt das Arrangement reizvoller.

Variante

Als Attraktion des Straußes können Sie neben der Eucharis auch viele andere Blumen einsetzen. Versuchen Sie es beispielsweise mit Tazetten (weißen Weihnachtsnarzissen), die bereits im Winter blühen und einen angenehmen Duft verbreiten.

1
2
3

Schneeglöckchen im Schnee

Durch dieses natürliche Gesteck können Sie den Anblick anmutiger Schneeglöckchen in Ihrer warmen Stube genießen, ohne in die unwirtliche Kälte des Gartens gehen zu müssen. Wenn die Blumen verblüht sind, stellen Sie sie an einen kühlen Platz und halten die Erde weiter feucht. Wenn gegen Ende des Frühlings dann auch die Blätter vertrocknet sind, können Sie die Pflanze an einem schattigen Ort in den Garten einpflanzen. Im nächsten Frühling werden dort Ihre Schneeglöckchen blühen.

Benötigte Zeit: 15 Minuten

Das brauchen Sie

1 TOPFPFLANZE SCHNEEGLÖCKCHEN
KLEINEN STEINGUTTOPF
WEISSEN KIES
BLUMENERDE

Das Pflanzgefäß vorbereiten

1. Auf den Topfboden eine Hand voll Kies als Drainage geben. Darauf füllen Sie eine Schicht Erde und drücken sie leicht fest (s. Seite 143).

Die Blumen einpflanzen

2. Nehmen Sie die Schneeglöckchen behutsam aus dem Transporttopf. Vorsicht beim Wurzelballen, damit er nicht auseinander bricht. Setzen Sie den Ballen vorsichtig in den Topf, so dass er fast bis an den Topfrand reicht. Sitzt die Blume zu tief, nehmen Sie sie heraus und füllen etwas Erde nach.

Auffüllen

3. Dann schütten Sie so viel Erde auf, bis der Topf bis zum Rand gefüllt ist. Als Nächstes bedecken Sie die Erde mit einer Lage Kies.

Variante

Dieses Arrangement können Sie mit fast jeder Zwiebelpflanze machen. Krokusse, Blausterne (Scilla), Zwergschwertlilien oder Zwergnarzissen können zu wunderbar farbigen Kreationen zusammengestellt werden.

1

2

Valentinsorchidee

Diese grazile, doch eindrucksvolle Orchidee ist ein ideales Geschenk zum Valentinstag. Aber auch als Mittelpunkt eines Tisches macht sie eine gute Figur. Sie ist erstaunlich robust und sehr langlebig, wenn sie an einem hellen Platz steht und immer gut feucht gehalten wird.

Benötigte Zeit: 15 Minuten

Das brauchen Sie

1 WEISSE ORCHIDEE (PHALAENOPSIS)
RECHTECKIGE GLASVASE
LIEBESHERZEN
SCHERE

Den Orchideentopf vorbereiten

1. Schneiden Sie mit einer scharfen Schere den oberen Rand des Orchideentopfes ab, er soll später im fertigen Arrangement nicht stören.

Die Vase füllen

2. Auf den Vasenboden legen Sie einige Liebesherzen und stellen dann den Orchideentopf darauf. Damit vermeiden Sie, dass die Orchidee im Wasser steht. Dann füllen Sie den Raum zwischen Topf und Vase bis zum Vasenrand mit Liebesherzen auf. Achten Sie dabei darauf, dass einige der Liebesherzen durch das Vasenglas gut zu erkennen sind.

Variante

Das Arrangement wirkt noch eleganter, wenn Sie den Stab, der die Orchidee stützt, mit Efeuranken (unten rechts), Bändern oder Bast umwinkeln. Anstelle der Liebesherzen können Sie auch Kieselsteine, getrocknete Hülsenfrüchte, Glasperlen oder Reis verwenden.

Tipp

Lassen Sie die Luftwurzeln der Orchidee aus der obersten Schicht der Liebesherzen herausschauen, das Arrangement wirkt dadurch attraktiver. Achten Sie darauf, dass die Orchideenerde immer feucht ist. Die Liebesherzen dienen ausschließlich zur Dekoration, Sie sollten sie nicht essen.

1

2

3

Ein Meer aus Hyazinthen

Hyazinthen sind die traditionellen Winterblumen. Für dieses Arrangement sind alle auf gleiche Länge geschnitten und dicht nebeneinander aufgestellt. Sobald sich die Blüten öffnen, breitet sich ihr wohlriechender Duft im Zimmer aus. Das dunkle Grün und die feine Struktur der Farnblätter runden das harmonische Gesteck optisch ab.

Benötigte Zeit: 15 Minuten

Das brauchen Sie

1 GROSSES BUND HYAZINTHEN
4 FARNBLÄTTER
RECHTECKIGE GLASVASE
SCHARFES MESSER

Die Blumen vorbereiten

1. Die Hyazinthen ausgerichtet auf eine Arbeitsfläche legen und die Stiele auf gleiche Länge schneiden. Achten Sie dabei darauf, dass Sie möglichst wenig abschneiden und die Ansätze der Knolle erhalten bleiben, damit die Blumen länger halten.

Blumen in die Vase stellen

2. Füllen Sie die Vase zu einem Drittel mit Wasser, dem Sie ein paar Tropfen Bleichmittel zugesetzt haben (s. Seite 140). Dann die Blumen in die Vase stellen. Sie sollten so viele nehmen, dass diese in der Vase aufrecht stehen. Aber die Blumen dabei nicht zu fest hineindrücken.

Farnblätter einsetzen

3. Nun schneiden Sie die Farnstängel ab und setzen je einen Wedel auf jede Seite der Vase. Mit einem Holzspieß können Sie ihn leicht hinunterschieben.

Variante

Sie können für dieses Arrangement alle Blumen mit einem fleischigen Stängel verwenden. Versuchen Sie es beispielsweise mit Tulpen oder mit Traubenhyazinthen in einem kleineren Gefäß.

Tipp

Kaufen Sie die Hyazinthen, wenn sich ihre Blüten noch nicht vollständig geöffnet haben. So hält das Gesteck länger.

1
2
3
4

Weihnachtlicher Beerenkorb

Dieser Korb birgt Pflanzen und Früchte der kalten Jahreszeit, die bei einem traditionellen Weihnachtsfest nicht fehlen dürfen: Tannenzweige, Beeren und außerdem den Stern von Bethlehem. Das einfache Gesteck zaubert während der gesamten Weihnachtszeit einen Schuss Farbe in Wohnzimmer, Diele oder als Tischdekor sogar auf die weihnachtliche Festtafel.

Benötigte Zeit: 25 Minuten

Das brauchen Sie

TANNEN- ODER KIEFERNZWEIGE
AMERIKANISCHE WINTER-BEEREN (ILEX VERTICILLATA)
WALNÜSSE
TANNEN- ODER KIEFERNZAPFEN
GOLDSTERNE ZUR DEKORATION
KORB
KLARSICHTFOLIE
SCHERE
STECKMASSE
MESSER
ROSENSCHERE

Den Korb vorbereiten

1. Kleiden Sie den Korb mit Folie aus, um ihn abzudichten (s. Seite 136). Die Steckmasse passend zurechtschneiden und ausreichend wässern. Dann setzen Sie die Masse ein und schneiden überstehende Folie ab. Schneiden Sie die Tannenzweige in kleinere Stücke. Die Nadeln vom Stängelende abstreifen und die Zweige anschließend in die Masse stecken.

Die Kuppe bilden

2. Mit weiteren Tannenzweigen formen Sie eine breite, runde Kuppe. Stecken Sie die unteren Zweige fast waagerecht in die Steckmasse.

Beeren hinzufügen

3. Nun schneiden Sie die Winterbeeren ebenfalls in kleine Zweige und verteilen sie gleichmäßig im Gesteck. Drehen Sie den Korb gelegentlich und prüfen Sie, ob alles gleichmäßig verteilt ist.

Letzter Schliff

4. Stecken Sie ein paar Sterne so in die Masse, dass sie etwas herausragen. Der Korb wirkt dann reizvoller. Anschließend verteilen Sie ein paar Walnüsse und Tannenzapfen auf dem Gesteck und drücken sie leicht in die Tannenzweige, damit sie dort gut liegen bleiben.

1
2
3

Traumhafte Orchideen

In Ihrem Schlafzimmer verheißt dieses edle Arrangement den Himmel auf Erden. Die schlichte, aber bezaubernde Schönheit der weißen Orchideen, kombiniert mit dem Terrakotta der Dachziegel und dem frischen Grün von Bärgras, entführt Sie in die schönsten Träume.

Benötigte Zeit: 15 Minuten

Das brauchen Sie

3 WEISSE ORCHIDEEN (PHALAENOPSIS)
1 KLEINES BUND BÄRGRAS
KLEINE VASE
2 HALBRUNDE DACHZIEGEL
2 STRÄNGE KOKOSSTRICK
SCHERE

Die Vase vorbereiten

1. Die Vase zur Hälfte mit Wasser füllen, dann zwischen die Dachziegel stellen und beide Ziegelhälften zusammenschieben. (Die Vase darf nicht zu groß sein, damit die beiden Ziegel bündig abschließen können.)

Die Ziegel fixieren

2. Nun binden Sie die beiden Dachziegel mit den Kokosstricken zusammen und fixieren sie mit einer Schleife. Die losen Enden schneiden Sie ab.

Die Blumen hineinstellen

3. Arrangieren Sie die Orchideen und das Bärgras in der Vase. Fächern Sie das Bärgras nach allen Seiten auf, so dass es ganz natürlich über den Rand der Ziegel fällt.

Variante

Sie können die Hohlziegel auch durch dicke Bambusstäbe ersetzen, die Sie auf die gewünschte Länge schneiden und um die kleine Vase gruppieren. Binden Sie die Bambusstäbe ebenfalls mit Kokosstrick fest und voilà, schon haben Sie einen Hauch von Fernost in Ihrem Wohnzimmer.

Eine schöne Bescherung

Diese Kreation ist eine Art moderner Gabenteller, für den Sie ganz nach Ihrem Geschmack exotische Früchte und Pflanzen aussuchen können. Legen Sie die Bananenblätter noch grün in den Korb und lassen Sie sie dann dort trocknen; so gewinnt der festlich geschmückte Korb zusätzlich an Attraktivität.

Benötigte Zeit: 25 Minuten

Das brauchen Sie

OBST UND NÜSSE DER SAISON (Z. B. PHYSALIS)
BANANENBLATT
KORB MIT GRIFF
BAST
KOKOSSTRICK
SCHERE

1
2
3
4

Den Korb herrichten

1. Etwas Bast zu einem Ring formen und damit den Korb auskleiden. Kürzen Sie zwei Streifen eines Bananenblatts auf die passende Länge und legen Sie sie über Kreuz in den Korb, so dass die Enden etwas über den Korbrand hinausragen.

Das Obst arrangieren

2. Legen Sie nun die Früchte in den Korb, wobei die größeren weiter unten und die kleineren eher oben liegen sollten. Sie können die Früchte auch sortenweise in kleinen Gruppen arrangieren.

Die Physalis einsetzen

3. Einige Physalis bis zum Schluss aufheben und ganz oben auf den Früchten platzieren. Ihre außergewöhnliche Form gibt dem Arrangement eine besondere Note.

Den Korb dekorieren

4. Außen um den Korb wickeln Sie ein Bananenblatt und befestigen es mit dem Kokosstrick. Dann nehmen Sie einen schmalen Blattstreifen und wickeln ihn um den Handgriff, die beiden Enden befestigen Sie mit sehr schmalen, kurzen Blattstreifen.

Tipp

Suchen Sie möglichst viele unterschiedliche exotische Früchte für dieses Weihnachtsgesteck aus. Mangos, Feigen, Lychees, Kumquats, Physalis, Kronsbeeren, Datteln und Walnüsse bringen eine willkommene Abwechslung in das Arrangement.

J. L. WRIGHT

Eine Kiste Alpenveilchen

Mit einer alten Holzkiste, umfunktioniert zu einem rustikalen Übertopf und mit dauerhaft blühenden Alpenveilchen, zierlichen Bubiköpfchen und pflegeleichtem Efeu besetzt, holen Sie sich ein Stückchen Natur ins Haus. In diesem Arrangement dominiert Grün in einer reizvollen Mischung aus unterschiedlichen Farben und Formen.

Benötigte Zeit: 45 Minuten

Das brauchen Sie

2 TOPFPFLANZEN GROSSE WEISSE ALPENVEILCHEN
10–12 TOPFPFLANZEN BUBIKÖPFCHEN
4–6 TOPFPFLANZEN EFEU
GROSSE LATTENHOLZKISTE
STYROPOR ODER EIN ANDERES, LEICHTES MATERIAL FÜR DIE DRAINAGE
PLASTIKPLANE
SCHERE
BLUMENERDE
MOOS

1

2

3

Die Kiste vorbereiten

1. Kleiden Sie die Kiste mit der Plastikplane aus, so dass sie über die Kistenränder hinausragt (s. Seite 136). Das Styropor in kleine Stücke brechen und damit den Kistenboden für die Drainage bedecken.

2. Darauf geben Sie eine dicke Schicht Erde. Drücken Sie diese gut an und füllen Sie Substrat nach, bis ein etwa 15 cm breiter Rand zur Kistenkante frei bleibt.

Die Blumen einpflanzen

3. Die Alpenveilchen aus den Transporttöpfen nehmen und in die Mitte der Kiste pflanzen (s. Seite 143). Dann füllen Sie weitere Erde auf, so dass die Erdschicht nun bis etwa 10 cm unter den Kistenrand reicht. Nehmen Sie den Efeu aus den Töpfen und pflanzen Sie ihn in die Ecken, in denen die Plastikplane noch übersteht.

4. Um die Alpenveilchen herum setzen Sie jetzt die Bubiköpfchen ein. Achten Sie dabei darauf, dass sich die verschiedenen Grüntöne der Bubikopfpflanzen abwechseln. Wenn Sie alle Pflanzen eingesetzt haben, sollte die Oberfläche fast vollständig bedeckt sein.

Die Lücken schließen

5. Drücken Sie die Erde zwischen den Pflanzen gut an und füllen noch etwas Erde nach, um vorhandene Lücken aufzufüllen. Anschließend schneiden Sie die überstehende Plane am Kistenrand ab und gießen die Pflanzen kräftig an. Dort, wo noch Erde zu sehen ist, legen Sie das Moos auf. Stopfen Sie auch alle Löcher und die Spalten an den Kistenseiten mit Moos.

Tipp

Sie können anstelle der Plane auch eine Plastiktüte oder einen Kunststoffeinsatz benutzen, solange diese keine Löcher haben und wasserdicht sind.
Als Drainage können Sie das Styroportablett verwenden, in dem die Pflanzen transportiert wurden, und es in kleine Stücke brechen.

Festliche Girlanden

Ein Kaminsims oder ein Fensterbrett sind ideale Plätze, um dort Ihr Wohnzimmer mit einer Weihnachtsgirlande zu verschönern. Die Girlande hält über die Festtage und lässt sich mit verschiedenen Früchten und Bändern, aber auch mit Fotos, Weihnachtskarten und frischen Blumen dekorieren.

Benötigte Zeit: 45 Minuten

Das brauchen Sie

TANNEN- ODER KIEFERNZWEIGE
STECHPALMENZWEIGE MIT BEEREN
GETROCKNETE LOTOSBLÜTEN
GETROCKNETE KLEMENTINEN
SILBERBAND
WICKELDRAHT
STECKDRAHT
DRAHTSCHNEIDER
ROSENSCHERE

1
2
3
4

Die Girlande aufbauen

1. Schneiden Sie die Tannenzweige in kleinere Äste, von etwa 20 cm Länge. Setzen Sie zwei Äste leicht versetzt aufeinander. Es sollten dabei beide in die gleiche Richtung weisen. Dann die Stängel mit Wickeldraht zusammenbinden (s. Seite 139). Den Draht nicht abschneiden, sondern zum Weiterarbeiten lassen, wie er ist. Legen Sie einen weiteren Ast leicht versetzt, aber parallel auf die ersten beiden und binden alle drei zusammen. Befestigen Sie weitere Tannenäste auf die gleiche Weise, bis Ihre Girlande ungefähr die Hälfte des Platzes einnimmt. Dann den Draht abschneiden. Aus den übrigen Zweigstücken binden Sie eine zweite Girlande. Anschließend befestigen Sie beide Girlandenhälften aneinander.

Die Stechpalme einbinden

2. Um die Stechpalmenzweige wickeln Sie je ein Stück Steckdraht (s. Seite 139), so dass die Enden lang überstehen.

3. Mit den losen Drahtenden befestigen Sie die Stechpalmen in regelmäßigem Abstand an der Girlande.

Die Früchte arrangieren

4. Mit Steckdraht durch die Haut der getrockneten Klementinen stechen, sie in kleine Gruppen zusammenbinden und an der Girlande festmachen. Die Lotosblüten befestigen Sie mit dem Draht auf gleiche Weise an der Girlande.

5. Zum Abschluss bringen Sie mit einem Steckdraht eine große Schleife aus Silberband in der Mitte der Girlande an.

Variante

Sie können statt Klementinen und Lotosblüten auch andere Früchte verwenden und Dekorationsgegenstände wählen, die farblich auf die Umgebung abgestimmt sind. Achten Sie aber darauf, dass Sie nicht zu viele Früchte anbringen, da die Girlande sonst wie ein Obstkorb aussieht.

Tipp

Die getrockneten Klementinen sind relativ schwer, also mit Bedacht an der Girlande anbringen und sie am besten auf die Zweige legen.

1

2

3

Weihnachtsbaum einmal anders

Suchen Sie eine Alternative zu den herkömmlichen Weihnachtsbäumen, dann sollten Sie einmal diese schlichte, aber ungewöhnliche Kreation ausprobieren. Sie sieht sehr eindrucksvoll aus und ist garantiert sofort Gesprächsthema. Vor einer hellen, glatten Wand entfaltet der weihnachtliche Kaktus seine volle Pracht.

Benötigte Zeit: 25 Minuten

Das brauchen Sie

1 GROSSEN VERZWEIGTEN KAKTUS IM TOPF
FRISCHE ROTE CHILISCHOTEN MIT STIEL
GROSSEN ÜBERTOPF AUS TERRAKOTTA
KIESELSTEINE
LICHTERKETTE

Den Kaktus vorbereiten

1. Stellen Sie den noch eingetopften Kaktus in den Übertopf und bedecken Sie die Erde mit einer Schicht Kieselsteine, so dass der innere Topf völlig zugedeckt ist.

Die Lichter anbringen

2. Wickeln Sie die Lichterkette behutsam um den Kaktus, ohne dass Sie sich an den Dornen verletzen. Beim Verteilen der Lichter sollten die Leuchtkerzen gleichmäßig nach außen zeigen, damit man sie besser sehen kann. Hängen Sie die Kette an die Dornen, dann hat sie Halt.

Farbe hinzufügen

3. Dann die Stiele der Chilischoten ein wenig abschneiden und sie dann am Kaktus mithilfe des Kabels der Lichterkette befestigen.

Tipp

Arrangieren Sie diesen »Mexikanischen Weihnachtskaktus« am besten gleich an seinem endgültigen Standort, denn später werden Sie ihn aufgrund seines Gewicht und seiner Dornen nur noch schwer verrücken können.
Waschen Sie sich nach der Arbeit gründlich die Hände, denn Chili brennt fürchterlich in den Augen, sollte er aus Versehen dorthin gelangen.

1

2

3

Licht aus Eis

Was kann bezaubernder zu einem winterlichen Festmahl oder Weihnachtsessen passen als eine Eiskreation mit einem dezent brennenden Teelicht? Schlichte Stechpalmenblätter und einige Preiselbeeren sind die einzige Dekoration – ihre kräftigen, warmen Farben glänzen geheimnisvoll, während das Eis langsam schmilzt.

Benötigte Zeit: 45 Minuten

Das brauchen Sie

STECHPALMENBLÄTTER
PREISELBEEREN
EIS
KERZENHALTER (MÖGLICHST AUS EIS)
BREITE GLASSCHALE
TEELICHT
HAMMER

Das Eis vorbereiten

1. Setzen Sie den Kerzenhalter in die Schalenmitte. Mit dem Hammer zerkleinern Sie das Eis in einem Tuch zu kleinen Stücken und geben es in die Schale.

Farbe hinzufügen

2. Dekorieren Sie die Schale mit Stechpalmenblättern und Preiselbeeren. Drücken Sie einige auch zwischen die Eiswürfel.

Das Arrangement vollenden

3. Zünden Sie das Teelicht an und setzen es in den Kerzenhalter.

Tipp

Nehmen Sie kein Leitungswasser, sondern destilliertes Wasser, damit Sie glasklares Eis erhalten. Benutzen Sie zum Einfrieren des Eisblocks beispielsweise einen großen Kunststoffbehälter.
Sie können für dieses Arrangement jeden Kerzenhalter verwenden, besonders eindrucksvoll ist es, wenn auch der Kerzenhalter aus Eis besteht. Sie können ihn leicht selbst herstellen. Dazu benötigen Sie einen hohen Kunststoffzylinder. Modellieren Sie aus Knetmasse die Form eines Teelichts (es sollte etwas größer sein als das Original) und setzen es dann auf den Boden des Gefäßes. Danach Gefäß mit destilliertem Wasser füllen und alles einfrieren. Anschließend tauchen Sie das Gefäß kurz in warmes Wasser, damit Sie Kerzenhalter und Modelliermasse herausnehmen können. Nehmen Sie den Eis-Kerzenhalter am besten erst ganz zum Schluss aus der Kühltruhe, wenn alle anderen Vorbereitungen bereits erledigt sind, damit er nicht vorher schmilzt. Achten Sie später darauf, dass die Schale nicht überläuft, während das Eis schmilzt.

Techniken

Arbeiten mit der Steckmasse

Steckmasse zuschneiden

1. Schneiden Sie die Steckmasse mit einem scharfen Messer zunächst etwas größer als benötigt. Sie sollten die Steckmasse immer auf einer flachen Unterlage schneiden, damit Sie sich nicht verletzen, wenn das Messer abrutscht. Für große Gestecke sollten Sie mehrere Stücke kombinieren und zuschneiden.

Wässern der Steckmasse

2. Legen Sie die Steckmasse in eine große Schüssel oder Schale mit Wasser. Sobald sie absinkt, hat sie ausreichend Wasser aufgenommen und Sie können sie benutzen. Die Masse herausnehmen und das Wasser abtropfen lassen.

Einpassen der Steckmasse

3. Halten Sie die Steckmasse über das Gefäß und schneiden alle überstehenden Teile und Ecken ab, damit sie später problemlos passt.

Steckmasse einsetzen

4. Die Steckmasse dient dazu, den Stielen und Stängeln der Pflanzen einen festen Halt zu geben. Sie müssen sie deshalb vorsichtig in das Gefäß drücken, damit sie später fest sitzt und nicht verrutscht.

Variante

Wenn Sie Steckmasse in ein Gefäß setzen, das nicht wasserdicht ist, müssen Sie das Gefäß vorher mit Plastikplane oder Folie auskleiden. Nachdem Sie die Steckmasse eingesetzt haben, schneiden Sie die überstehende Folie ab, damit sie nicht über den Gefäßrand hinausragt.

Tipp

Dicke Stängel sind leichter zu stecken, wenn sie vorher schräg angeschnitten werden. Beim Arbeiten mit Steckmasse sollten Sie die Stiele nicht zu oft umsetzen, da die Masse leicht zerbröselt.

1

oasis
ideal
2

3

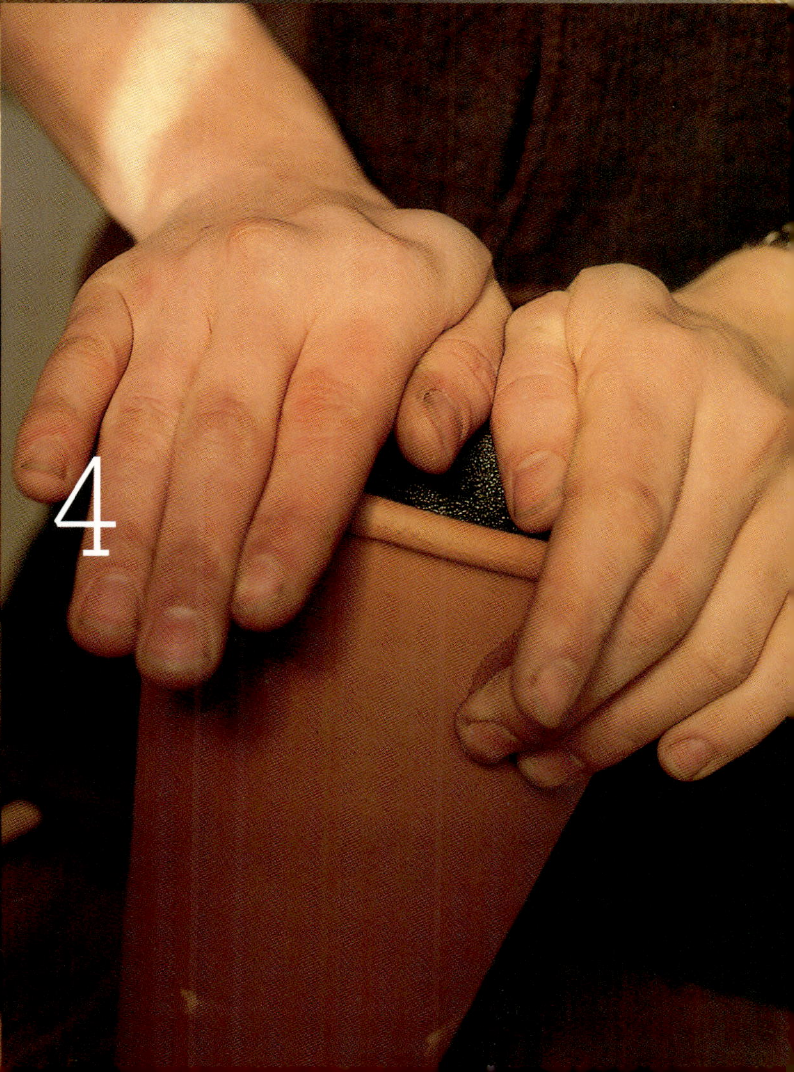
4

1
2
3
4

Drahten und Binden

Sie können Draht in verschiedenen Stärken kaufen. Wickel- oder Blumendraht ist sehr dünn und meist auf eine Spule gewickelt. Sie brauchen ihn zum Zusammenbinden von Girlanden und Kränzen. Steckdraht gibt es in verschiedenen Stärken und Längen. Mit ihm befestigen Sie Deko-Materialien an Girlanden oder Kränzen

Einen Stiel andrahten

1. Halten Sie den Draht rechtwinkelig zum Stiel. Dann biegen Sie ihn mehrmals gleichmäßig um den Stängel, so dass die Enden in eine Richtung überstehen.

Eine Schleife andrahten

2. Binden Sie das Band zu einer Schleife und stecken Sie auf der Rückseite einen Draht durch den Knoten. Die losen Drahtenden biegen Sie so, dass sie parallel zur Rückseite abstehen.

Eine Blüte andrahten

3. Drücken Sie einen Steckdraht kurz oberhalb des Stielansatzes durch die Blüte. Die losen Drahtenden biegen Sie so, dass sie parallel zueinander nach unten abstehen. So können Sie getrocknete Blüten an Girlanden oder Kränzen befestigen.

Früchte andrahten

4. Manche Bestandteile des Gestecks wirken besonders eindrucksvoll, wenn man sie zu kleinen Gruppen kombiniert. Drücken Sie einen Steckdraht durch den ersten Gegenstand, beispielsweise eine Klementine. Biegen Sie den Draht leicht um und stecken ihn dann in den zweiten Gegenstand. Diesen Schritt wiederholen Sie so lange, bis alles befestigt ist, anschließend wickeln Sie die Drahtenden umeinander. Mit diesen losen Drahtenden können Sie nun die Objekte an eine Girlande oder einen Kranz andrahten.

Mit Gummibändern zusammenbinden

Mit einem Gummiband können Sie ein Bündel aus verholzten Stängeln wie beispielsweise Rosenstiele einfach zusammenbinden.

5. Haken Sie das Gummiband an ein oder zwei Stängeln ein, so dass Sie einen Befestigungspunkt haben.

6. Dann wickeln Sie das Gummiband um den Strauß und haken es zum Festmachen über einen anderen Stängel.

Tipps zum Arrangieren

Blumen anschneiden

Bis Sie Ihr Arrangement beginnen, sollten alle Blumen im Wasser stehen. Das gilt insbesondere für Schnittblumen aus dem Blumenladen, da sie sonst auf dem Heimweg austrocknen.
Mit einer Rosenschere oder einem scharfen Messer schneiden Sie ungefähr 2,5 cm von den Unterseiten der Stiele ab. Hyazinthen sollten Sie nicht kürzen. Wenn sich noch ein Teil der Knolle am Stiel befindet, sollten sie nicht angeschnitten werden. Die Knolle enthält noch Nährstoffe, so dass Hyazinthen damit länger halten. Wenn Blumen wie beispielsweise Tulpen die Köpfe hängen lassen, können Sie sie mit einem Trick wieder aufrichten. Legen Sie die Blumen nebeneinander auf eine Zeitung, dann schneiden Sie die Stielenden auf gleiche Länge ab. Rollen Sie die angeschnittenen Blumen in der Zeitung zusammen und stellen sie mit den Enden für mindestens eine Stunde ins Wasser.

Das Anfaulen verhindern

Wenn Sie Blumen für einen Strauß vorbereiten, entfernen Sie alle unteren Blätter. Auf diese Weise verhindern Sie, dass die untergetauchten Blätter faulen. Da besonders das Wasser in Glasvasen durch Algen leicht getrübt wird, sollten Sie vorbeugend etwas Bleichmittel hinzugeben – ungefähr eine Füllkappe pro halber Liter ist ausreichend.

Lilienpollen

Damit durch Lilienpollen keine Flecken auf Ihrer Kleidung oder Ihren Polstermöbeln entstehen, sollten Sie die Staubfäden vorher entfernen.

Einen perfekten Strauß binden

In einem Bukett kommen die Blüten am besten zur Geltung, wenn sie nach außen weisen. Für den Kern nehmen Sie nur wenige Blumen. Stecken Sie alle weiteren Blumen dann so, dass sie leicht angewinkelt zum Kern stehen und alle in die gleiche Richtung weisen. Am besten, Sie binden die Blumen spiralförmig um den Kern ein. Setzen Sie alle weiteren Blumen so an, dass sie in die gleiche Richtung zeigen, und stecken Sie die Stiele zwischen die bereits vorhandenen. Wenn der Strauß fertig ist, sollten die Stielenden die Form eines Fächers bilden und die Blüten eine runde Kuppe.

Wasserphiolen

Einige Schnittblumen wie beispielsweise Orchideen oder Gerbera werden mit kleinen Wasservorratsbehältern verkauft. Diese Schnittblumen können Sie dadurch auch für ein Trockengesteck verwenden, lassen Sie einfach die Gläschen an den Stielen und füllen Sie immer Wasser nach. Für andere Arrangements schneiden Sie die Stängel etwas oberhalb ab.

Topfpflanzen

Topfpflanzen lassen sich mit Schnittblumen zu interessanten Gestecken kombinieren.

Die Erde feucht halten

Topfpflanzen sollten Sie vor der Verarbeitung ungefähr eine Stunde lang wässern und danach erst den Transporttopf entfernen. Dadurch ist die Erde gut feucht und die Pflanzen nehmen nach dem Umpflanzen leichter Wasser auf.

Die richtige Erde

Da das Gesteck in der Regel nur begrenzte Zeit als Schmuck dienen soll, können Sie die meisten Pflanzen in normale Blumenerde pflanzen. Manche Pflanzen, beispielsweise Kakteen oder Orchideen, benötigen aber eine Spezialerde, die z. B. einen bestimmten Feuchtigkeitsgehalt oder pH-Wert haben muss. Wenn Sie nicht wissen, welche Erde Ihre Pflanze benötigt, fragen Sie Ihren Blumenhändler, er weiß am besten, welche Erde sie braucht.

Die richtige Topfgröße

Wenn Sie blühende Topfpflanzen umpflanzen, sollten Sie ihnen nicht zu viel Platz geben. Andernfalls stecken die Pflanzen mehr Kraft in die Bildung neuer Wurzeln, anstatt neue Blüten zu bilden.

Die richtige Drainage

Wenn Ihr Gefäß keine Drainagelöcher hat, schütten Sie eine Schicht aus Kieselsteinen, Steinen oder Styroporstücken auf den Gefäßboden. Überschüssiges Wasser kann dann ablaufen, und die Pflanzen bekommen keine Staunässe.

Pflanzen richtig umtopfen

Füllen Sie den Gefäßboden mit Drainagematerial, wenn keine Drainagelöcher vorhanden sind. Als Nächstes geben Sie so viel Erde in das Gefäß, bis der Wurzelballen fast mit dem Gefäßrand abschließt. Dann weitere Erde nachschütten bis zum Gefäßrand und die Wurzeln gut andrücken. Zum Schluss gießen Sie die Pflanze ordentlich an.

Register